U0163097

高等院校纺织服装类"十四五"部委级规划教材

第三版

西方服装史

Western Clothing History

赵刚 张技术 徐思民 编著

东华大学出版社

序 言

　　设计艺术教育，在改革开放四十多年的今天仍然方兴未艾，高校中所开办的设计艺术教育专业，涵盖了人们物质生活乃至精神生活的方方面面：从平面设计到景观设计，从工业产品设计到服装设计，从现代手工艺术品设计到数字多媒体设计，应有尽有。设计艺术教育，已经成为高等院校学科教育中举足轻重的门类。

　　设计艺术，是自从人类有意识地通过一定劳动获取物质生活所需以来所没有离开过的一种活动，衣食住行的各类产品，是人们物质和精神生活的基本保障。从人类认识和利用火、直立行走、渔猎和采集开始，对所使用的物品，就有了从能用到好用，再到更加实用为目的的艺术的加工和创作，潜移默化中，言传身教的设计艺术教育便成为一种设计艺术发展的助推器。随着社会政治、经济，尤其科学技术的发展，人们的物质生活水平不断提高，人类所需要的物质产品越来越多样，品类增加、形态丰富，变化多样。艺术设计的教育形式自然也在不断发生着新的变化，师徒式的言传身教逐渐从理论到实践，再从实践返回理论的教育教学模式，这便是今天普遍的院校教育模式。

　　理论和实践并重，是高等教育历来所遵循的教育教学基本规律。只强调理论的教学，容易空谈，过于强调实践，难逃技师培养的窠臼。理论教育和实践教育的分寸把握十分重要，这是高等教育必须认真思考的问题。把握好了理论教育，还有理论教育中需要哪些理论的问题。基础理论是理论教育中十分重要的，应包括基本技能知识，材料的、工艺的、新技术的基本知识。专业理论是理论教育中不可忽视的，包括横向的理论知识和纵向的历史知识。这是人才培养中宽和厚的培养。人们经常说厚积薄发，这是重要的"积"，没有这样的积，就很难谈它的"发"。

　　对于学习服装设计和喜欢研究服装的人来说，同以上所说的教育模式一样，除却实践技能的学习外，必须注意理论上的知识汲取，不可偏废。我们编著的《西方服装史》（第三版）就是这一方面理论知识的重要组成部分。

　　研究历史可以使人明目，了解当下才能使人不走弯路。不管从事何种专业，不知道它的发展历史是不行的。昨天就是今天的历史，今天的基础。我们常说万丈高楼平地起，因万丈高楼有它深深的基础。楼越高，基础则越深。基础是勃发的动力源，所以要认真研究所从事专业的发展历史,深深地打好这个动力基础。今天的服装发展趋势,不可能从表面上展示出它几千年的发展历史,但服装发展的历史积淀对今天的服饰文化不可否认地有着潜移默化的影响。有谁能说"上衣下裳"的基本样式不是古人在长期生活实践中的完美总结和实用?又有谁能否认从树叶的串缀到一经一纬的交织,再到两经三纬精美织造物的完成不是古人智慧的结晶?我们今天都在享受着这些古人的创造。

当然,一本《西方服装史》不可能面面俱到地把西方几千年的服装发展完整呈现,限于篇幅、限于作为教材、限于它的可普及性,自然会有取舍,会有侧重,但我们务求小中见大,窥斑见豹,尽量准确地叙述西方历史服装的原貌。

该书的写作方式不同于一般专著,没有作为论著来写,主要原因是考虑到它的功能属性——教材。以历史发展为主线,从古代所能查阅到的史料、考古材料、实物形态入手进行梳理,逐步展开,依次为西方古代服装;中世纪服装;近世纪服装;近代服装和现代服装的章节等。在每一章中,都对服装类别、主要样式和所蕴含的社会、文化背景等进行了较清晰的介绍和一定研究,简明扼要,内容全面,整体性强,便于作为教材,也便于服装爱好者自学。

诚然,编写西方的东西不如撰写我们自己的东西那么容易,至少实物资料所见难度较大,还有从英文资料到中文资料转换过程中的误差,加之西方有那么多国家,它们自身在不同的时间段里也有不同的变化,我们只能是取主流舍旁支,难能求全,所以书中会有遗漏,也会有些许谬误。今天付诸出版并不是完结,我们会不断改进,不断完善,力求尽善尽美。

谨以此为序。

作者
于济南历山脚下

目 录

第 一 章

古代服装

在西方服装史上，古代服装通常是指从公元前 3500 年前后，到公元 400 年前后的古埃及、古西亚（美索不达米亚地区）、克里特岛、古希腊、古罗马等不同地域、不同民族共同创造的服饰文化。由于年代久远，没有充分保存的实物加以确切考证，因此对这一时期的服装研究主要是通过考古发现、史料记载和现代人科学分析等获得。

人类进入石器时代形成群体生活以后，先后经历了从母系氏族公社向父系氏族公社、从原始社会向奴隶社会的过渡，出现了私有制和阶级，同时人类的文明也得到了相应的发展。从考古发现的岩画、彩陶、雕塑、绘画等遗留的艺术作品可以充分反映出古代人的精神文明，从中也发现了很多人类着装的痕迹。例如，考古材料已经证实：骨针是旧石器时代末期的产物，那个时候人们已经开始懂得如何缝制衣服，但此时"他们不会织布，但缝在一起的兽皮却是很好的替代品"。（选自伯恩斯与拉尔夫著《世界文明史》）到青铜时代开始出现了用织机将麻、动物毛织成布，这一点可以从珍藏在伦敦大英博物馆和开罗埃及博物馆某些王朝的亚麻布得以证实，此时的服装在男女款式上开始出现了一定程度的区别。

此外，古代人的生活方式、宗教信仰等都在服装发展史中起着重要的作用。史料显示，古代人主要是以农业或畜牧业为主，受自然气候环境影响很大，其服装造型、材料、审美都明显表现出这一特征。如古埃及、古希腊、古罗马人那种体现北非和南欧气候条件的宽松、垂挂、多裸露的卷衣，西亚美索不达米亚地区的羊毛织物和服装上的流苏装饰，古波斯帝国合体的裤子以及古埃及的亚麻织物和皱褶服装等都表现出强烈的地方特色和民族风格，这对后来中世纪和近世纪西欧的服装文化产生了很大的影响。

第一节 古埃及时期服装（公元前 3000—公元前 300 年）

一、古埃及时期社会文化背景

古埃及地处非洲东北部的尼罗河流域，小部分领土位于亚洲西南角的西奈半岛。它北临地中海，东隔红海与巴勒斯坦相望，西与利比亚交界，南邻苏丹。蜿蜒纵贯全境的世界第一长河尼罗河，不仅是水利灌溉的源泉，也为水上交通提供了天然的条件。同时，河水每年的定期泛滥带来上游大量的淤泥，成为农作物生长最好的肥沃土壤，为古埃及文明发展提供了最有力的条件。希腊历史学家希罗多德曾说过："埃及是尼罗河的赠礼。"上游是狭窄的河谷地区（上埃及），下游是地势较为开阔、平坦的尼罗河三角洲地区（下埃及），在古埃及的艺术、建筑、服饰品等方面反复出现的植物图形荷花和纸草就分别是上、下埃及的象征。

早在公元前 5000 年前后，古埃及人的先祖来此定居，发展起农业和畜牧业，生产力得到很大的发展。许多古代遗址中的壁画、浮雕都反映了当时手工业生产的盛况（图1-1）。古埃及人很早就开始使用植物纤维，初期是以棕榈为主，随着灌溉设备的完善和农业技术的改良，古埃及人开始栽培亚麻，成功地织出了亚麻布，使之成为古埃及

图 1-1 古埃及手工业生产

人主要的衣用材料。出土的一块古埃及第一王朝时期的亚麻布残片，其经纬线的密度已达到每平方厘米 63×74 根，这表明当时的纺织技术已有相当高的水平。一些陵墓壁画表明，他们先使用一种比较简陋的卧式织机，后又改用一种两人操作的立式织机，可织出幅度较宽的布。

古埃及人相信宇宙之中有神主宰着人的命运。"法老"（Pharaoh）

一词来自古埃及语，意思是"大厦"。法老不仅被当作国王，还被当作天神。因此，法老始终被认为是神的化身，其权力被神化，在当时，法老的话就是法律。国家对经济生活的绝对控制，也是古埃及文明的显著特征。古埃及人相信死后灵魂不灭，和太阳一样周而复始，因此要把死者遗体用亚麻布包裹起来很好地保存，举世闻名的金字塔就是保存法老遗体的陵墓，这种理念对后来服装发展起到很重要的影响。

古埃及文明历史久远，但直到19世纪初被法国历史文字学家商博良（Champollion）破译罗塞塔石碑中的象形文字后，古埃及的子孙以及全世界才知道古埃及的历史文明，从此打开了尼罗河流域发达文明的历史大门。古埃及文明不仅对古埃及服装，而且对世界服装以及其他发展都产生了重要影响。古埃及人很早就能够计算河水的汛期，积累了大量的天文知识和数的概念，为后来季节性服装概念的提出和关于裁剪用料的计算方法奠定了基础。我们今天在服装设计中运用的点、线、面、比例分割原理，可以说也离不开古埃及人的贡献。

二、古埃及时期主要服装特点

在古埃及，法老具有绝对的权力，控制着社会的每一个领域，包括艺术和服饰。整个社会和政府实行严格的等级制度，在生活中每一个人都有自己的位置。衣服作为身份、地位的象征，任何人在大庭广众之下裸体，都会被认为是低贱、不道德的，但儿童和平民除外。

古埃及服装多以白色亚麻面料为主，朴实无华，无过多繁琐花纹装饰，素色是其普遍特点。服装造型宽敞、轻盈；缠裹式为古老衣服形态，普及所有阶层，不分高低等级，决定一个人的社会地位的不是服装款式，而是衣服的面料。上层贵族服装衣料柔软细致；平民百姓服装面料僵硬粗糙。最显著的特点就是在服装上制作褶皱装饰，不同褶皱代表着不同的性别、身份、地位，后逐渐延伸到饰物、发型、化妆等方面。法老贵族服装多用细褶装饰，平民百姓服装多为粗褶。

古埃及男女服装区别不是很大，在品种和造型上基本相同，主要是强调衣服的象征意义，男子上身多为赤裸，下身只穿腰衣褶裙，自由活动量比较大。女子上身也有裸露部分，但总体上女子服装遮盖人体面积比男子多得多，女性穿的服装合体束缚性比男性多。在当时，妇女地位高于男子，因此女装优于男装。在服装色彩、纹样和装饰以及款式方面远比男装丰富。而古埃及的女奴隶和舞女则均为裸体，她们只在腰臀部系一绳带，作为象征性的服装。

古埃及人在服装相对朴实单一的情况下，十分注重装饰效果，各种头饰、面饰、项饰、胸饰、臂饰、腕饰、腰饰等都制作十分精美，男女还盛行使用各种颜色的假发装饰自己。

三、古埃及时期主要服装式样

（一）罗印·克罗斯（腰衣）

罗印·克罗斯（Loin Cloth）是一种胯裙，又称腰衣或围腰布，以白色亚麻面料为主，是围裹于腰臀上的布块及兜裆布的总称。可以说，胯裙是布料形服装最简单的形式，古埃及男子衣服在公元前 3000 年之后的千余年里没有太大的变化，它是古埃及古王国时期至中王国时期男子最具代表性的服装。（图1-2）

图1-2 罗印·克罗斯（腰衣）

从留存下来的一些墓室壁画、雕刻上看，胯裙的形式、种类较多，有缠裹后系腰带的，有兜裆的，也有用带子斜挂在肩上的，不同款式所代表的阶级意义也是不同的。缠裹式为一种最古老、最基本的衣服形态，普及于古埃及所有阶层；兜裆式多为上层阶级的人们穿用，色彩除了白以外，还使用有白色条纹的蓝、黄和绿色。上层阶级在衣料质量上要高档得多。在穿用形式上，上层阶级常用浆糊把布固定出很密的衣褶，并在外系一条三角形围裙，围裙上常装饰着金银饰物或刺绣，镶嵌着宝石，以示特权。到中王国时期，胯裙开始变长，变得紧身，织物更加精细，出现了半透明的细布，着装形式也更加讲究。

（二）卡拉西里斯（贯头衣）

卡拉西里斯（Kalasiris）是用柔软面料制作的一种宽松式贯头衣，这种套头式结构的垂褶装是从西亚引进的，它是用长于着装者两倍的长方形布对折，中间及两侧开洞让头部和手臂伸出。由于衣身袖子非常的宽大，埃及人常将多余的布料系于腰间，因而形成很多的碎褶，有点像现在的连衣裙。这种服装主要用于上流阶层男女穿着，区别在于女子腰线位置较男子高。古埃及男女都将此衣用于宗教仪式上作为礼服穿用。（图1-3）

图1-3 卡拉西里斯（贯头衣）

（三）多莱帕里（缠绕披挂衣）

多莱帕里（Drapery）是一种利用面料以缠绕的方式形成的垂褶装束，称之为"卷衣"，此造型类似现今传统袈裟一样缠绕披挂在身上，有许多悬垂衣褶。它产生于古埃及帝国时期，不仅男子穿用，也是女装中很有特色的品种之一。女用卷衣是一块长方形的布料，有大小之分，长宽比例大的为 3：1，小的为 3：2。短边长度为腋下到脚踝的距离。卷衣中还用了有刺绣的带子，刺绣纹样为柱头纹饰和头顶着太阳的眼镜蛇，表现着太阳等于王权和毒蛇图腾的宗教含义，表示这是蛇氏种族的特权者。（图1-4）

图1-4 多莱帕里

（四）丘尼克（筒形连衣裙）

丘尼克（Tunic）是一种经过裁剪完成的平面结构的外衣，有袖子，长度从胸部到膝或到脚踝不等的筒形紧身连体衣，是古埃及妇女正式服装，款式类似现代筒形连衣裙。

图 1-5 丘尼克　　　　图 1-6 凯普（披肩）

当男子们仍赤裸上身穿胯裙时，妇女们已经普遍穿上了这种具现代感的服饰。中王国时期丘尼克开始流行到各个阶级，男子也开始穿着这种服装。到新王国时期，女子丘尼克演变成了一种束腰式的紧身结构，装饰也显得十分华丽，有的还出现了绣花装饰，这种筒形紧身长裙多为贵族女子专用。不同阶层用料也是不同的。法老们的丘尼克是用像蝉翼似的透明的亚麻细布做成，轻、薄、柔软，显示出当时工匠们的纺织技术水平。一般的商人和中层阶级的丘尼克用料较厚，半透明，而一般人只能选用普通的亚麻布料。（图 1-5）

（五）凯普（披肩）

凯普（Cape）是一种披肩式上衣，古埃及中期以后，女子服装中出现了上衣和下裙组合的两件套式。这时的上衣有两种造型：一种是把长方形的布料披在肩上，在前面系扎起来；另一种是在椭圆形的布料中间挖个洞，把头套进去披在肩上，其披肩长度能盖住手臂肘部。（图 1-6）

图 1-7 斯卡特（系扎碎褶裙）

（六）斯卡特（系扎碎褶裙）

斯卡特（Skirt）是古埃及中期以后出现的一种碎褶裙子。其裙子款式主要有两种类型：一种是用长方形的细麻布料缠裹在腰间，在腰前将两个麻布头系扎起来，使细麻布自然下垂形成许多褶皱；另一种是把细麻布料缝成圆筒形，在其上部挖几个小洞，再用细带子穿入这些小洞内，然后系扎勒紧，形成许多自然碎褶。（图 1-7）

（七）绳衣

绳衣（Ligature）又称为"纽衣"或"腰绳"，是一块裹在腰间的布兜儿，穿时仅将布条在腰部绕一周后从前面经两腿间穿过，系结在后腰。由于这块兜布窄细如绳，所以称为"绳衣"。绳衣最初时是不分贵贱，男女都可以穿的一种衣服。以后的绳衣渐渐地与古埃及的社会制度发生联系，等级观念很强的古埃及人以绳衣的质地、长短、加工方法以及颜色的不同来区分人们不同的社会地位和富贵贫贱，而原始的绳衣则留作女奴或舞女的服装，只在腰臀部系一根细绳。这种服饰文化作为最单纯、最原始的衣服形态，仍然存在于现在的热带非洲和南美亚马逊流域的原始部落中。（图 1-8）

图 1-8 亚马逊流域少数民族绳衣

图1-9 古埃及冠帽与头饰　　　　图1-10 古埃及彩色假发

四、古埃及时期主要服饰

（一）冠帽与头饰

冠帽与头饰亦是古埃及社会阶级区分的象征，一般埃及人是不准戴冠帽的。法老戴王冠，上埃及的法老戴白色高冠，下埃及的法老戴红色低冠；上下埃及统一后，法老戴红白两层王冠。王冠上的鹰和蛇的装饰分别是上、下埃及法老王权的象征。王后戴秃鹰冠，据说能保佑战场上的法老。十八王朝以后，女性在祭祀时还戴高4—6英寸（约10.16—15.24厘米）的圆锥型头饰，上装喷香水或在头上装饰以莲花、宝石、景泰蓝的垂饰。同时头巾也成为法老王的重要装饰物。女性不戴头巾，但自新王国之后，贵族妇女采用发饰。（图1-9）

（二）彩色假发

古埃及人非常流行戴假发，这与当时的宗教仪式有关。古埃及人认为在祭祀时如果身体不洁是对神的不敬，将会受到神的"惩罚"。出于洁净与避暑防晒的需要，不分男女将容易藏污纳垢的头发剃掉，取而代之的是各种假发。久而久之，留光头与戴假发成了古埃及人的一种习俗。假发的长短与形状是有性别和等级区别的。男子假发较短，女用假发一般都长至胸部。贵族在假发上面点缀黄金饰带、黄金圈、五彩玻璃以及各种珠宝；平民百姓的假发简洁不做装饰。假发材质有用真人头发做的，也有用羊毛、麻、棕榈叶纤维等材料制成的，一般是先做一个像头型的笼子，然后把人的毛发或羊毛编成发型披在这个笼子上。当时的假发除造型、材质上有差异外，同时也有染成各种颜色的假发。（图1-10）

图 1-11 古埃及假胡须

图 1-12 古埃及化妆术

（三）假胡须

古埃及有戴假胡须的习俗，假胡须不仅是一种装饰，更是一种权力和地位的象征。一般有身份的男子都剃须洁面；光滑的面颊意味着该男子出身高贵，地位显赫。只有在哀悼亡者的时候，男子才保留胡须。在各种重要仪式活动中人们才佩戴各种形状的假胡须。一般人的胡须较短，只有两英寸；而发老王的胡须则很长，底部是方形的；神的假胡子则在尾部翘起，有时还编成辫子状，梢部卷起来，一般用细绳挂在耳朵上。在古埃及不仅男性法老佩戴，而且女法老也佩戴假胡须进行装饰。（图 1-11）

（四）化妆

古埃及时期，男女都流行脸部化妆。眼影是古埃及人脸上最明显的装饰，不论男女皆以矿物质粉涂抹装饰眼睛。据说画眼影能减少阳光的照射，因而也具有保护脸部皮肤的作用。人们用西奈半岛产的孔雀石制作的青绿色来涂眼影、画眼线，男女的眼眉画得又浓又长，以增加男女五官的视觉观感。另外，利用植物花卉提炼制作成红颜色涂抹脸部腮红和口红以及涂染手指甲和脚趾甲，同时还流行人体彩绘和刺青文身等装饰。（图 1-12）

（五）首饰

古埃及人的衣服非常朴素，但服饰品却相当华美和豪奢，这是埃及式服饰美的魅力所在。披金挂银也是古埃及人打扮自己的一个重要方式。无论是生前还是死后，人们都喜欢佩戴首饰。制作首饰的材料有金、银、宝石、玉石、铜、贝壳等，不同的颜色蕴含着不同的象征意义。如黄金为太阳的颜色，具有带来生命的特性；白银是月亮的象征，也是制造神像骨骼的材料；绿松石或孔雀石是尼罗河的颜色，它"赋予"万物以生命；东部沙漠中出产的碧玉和红玉髓，分别象征着植物和鲜血，都是含有生命的色彩。用这些材料加工成的首饰包括：护身符、头带、耳坠、耳环、戒指、项圈、项链等。在各种首饰中最精美的是用景泰蓝制作工艺将黄金与宝石搭配制作的胸饰，斑斓夺目，成为古埃及服饰一大特色。（图1-13）

（六）鞋子

鞋子对于古埃及人在一定程度上是最贵重的服饰品，无论男人还是女人，都穿用纸莎草、芦苇、棕榈纤维或山羊皮等材料做成的凉鞋，是有身份人的专用品。一般是在参加各种仪式或室内穿用，外出旅行时也常让侍从们为自己拿着鞋，习惯于赤脚行走，只有到达目的地后再穿上它。人们在图坦卡蒙的陵墓里就发现了许多凉鞋，其中有一双鞋的鞋帮上还画上他的敌人，这样走路时，就可以象征性地将他们踩在脚下。在另一国王墓中还发现了用黄金制作的凉拖鞋，人们想以此确保他在永生中能像神一样穿戴。（图1-14）

图1-13 古埃及首饰

图1-14 古埃及法老金鞋

第二节 古西亚时期服装（公元前 3500—公元前 330 年）

一、古西亚时期社会文化背景

古西亚在历史上被称为"肥沃的新月形地带"，两河流域（底格里斯河和幼发拉底河）是古西亚文明的发源地。汉语中的"美索不达米亚"来自希腊语的音译，意思是两河之间的地方。美索不达米亚地区的文明遗留下来的线索很少，直到 19 世纪中后期，由于法国人博塔（亚述学之父）和英国人莱亚德（西亚考古学之父）等人对该地区的发掘和研究，才使我们明晰这一文明史的发展历程。

早在公元前 4300 年前后，由于两河的融雪使河水泛滥，形成肥沃的土地，从而产生了灌溉农业，农民种植谷物，饲养牛、羊、驴等家畜。主要食物为椰枣、肉类、乳制品和面包。苏美尔人由此从游牧转入定居生活，开创了西亚文明。他们几乎和埃及人同时发明了文字，由于形状呈尖劈形，故称之为"楔形文字"。约在公元前 20 世纪，巴比伦人取代苏美尔人支配两河流域，历史上称之为"古巴比伦王国"。第六代国王汉谟拉比颁布了著名的《汉谟拉比法典》，它是后来一切法典的始祖。在这个时期古巴比伦人引进了棉花和亚麻，两河流域的亚热带气候很适合棉花和亚麻的生长，生产量不断提高，织物制作越来越华美，出现了几何形织纹，服装的衣褶更加丰富。汉谟拉比死后，巴比伦王国分裂。到公元前 729 年，被亚述人征服吞并。公元前 629 年，亚述王国又被迦勒底人联合米底人推翻，并建立了"新巴比伦王国"。没过多久，"新巴比伦王国"又被波斯人所灭，至此两河流域的文明宣告结束。

由于活跃于这个大陆地区人口处的种族较多（塞姆人、苏美尔人、亚细亚人、雅利安人等），再加上频繁的战争和国家兴亡、朝代更替，西亚各个时期的艺术、宗教、法律和语言在种族林立并相互影响下，其形式各异，在服装上也是南北混用，既有南方型的缠腰布，又有北方型的贯头衣和长裤。这些对后来的西欧服饰文明的形成具有很大影响。根据西亚发展的历史和各个时期的特点，服装的发展时期可分为苏美尔时期、古代巴比伦帝国时期、亚述帝国时期和后来的波斯帝国时期。

二、古西亚时期主要服装特点

古代西亚两河流域美索不达米亚地区多为牧区，服装材料以羊毛织物为主。其最早的苏美尔人服装最大特点就是单纯，多用不加任何裁剪加工的衣料缠裹围身，或缠一周，或缠几周，由腰部垂下掩饰臀部，而且男女同形同质，不分高低贵贱，只是在衣料的用量上和面料质量上有所区别。贵族服饰衣料用量相对较多，产生许多衣褶，将单调无色的缠裹衣料创造出流畅的垂褶，赋予自然的美感。巴比伦人继承了苏美尔人的服饰，流行穿着卷衣，这种款型与古埃及的多莱帕里、古希腊的希顿、古罗马的托加可说是一脉相承，是西方服饰文化的源头。亚述人服饰受古埃及文化影响较大，流行华美，其特点是大量使用流苏装饰，在衣服的前门襟、袖口、下摆等处装饰穗子，同时刺绣和宝石装饰技巧也非常发达。这个时期，丘尼克和卷衣并用是男女服饰的共同特征，同时丘尼克长短是区分社会地位高低的标志。男子的丘尼克较短，而女子的丘尼克较长。外面穿披缠宽松的卷衣，里面穿带袖子、长及脚踝的紧身丘尼克，腰部系扎有刺绣装饰的宽腰带，如果是国王还要装饰上有流苏的围腰，腰带上挂有两把短剑。波斯人服饰属于北方紧身类型，由于受高原寒冷气候影响，自古以来就会鞣制皮革、裁剪制作合体紧身衣服的技术，是世界上最早应用服装裁剪技术的民族之一。其服装基本样式为上穿紧身合体长及膝关节的长衣，下穿紧身合体的长裤，脚穿动物皮质短靴，头戴圆形毡呢帽是严寒游牧地区的典型着装特征。

三、古西亚时期主要服装式样

（一）卡吾那凯斯（缠绕式外衣）

卡吾那凯斯（Kaunakes）是古代西亚苏美尔人的一种缠绕式传统衣服。通过对古人留下来的人物雕塑研究可以看出，苏美尔人服装的最大特征是以不加裁剪的布块围身，款式结构简单，面料缠裹在腰部，虽然在款式上与古埃及的胯裙相似，但材质完全不同。关于这种卡吾那凯斯到底是什么面料，因无具体实物，说法也就不一：有人认为是把成束的毛线固定在毛织物或皮革上；也有人认为是把经纬线抽成环状留在织物表面上；还有人认为那就是羊的毛皮。卡吾那凯斯既是这种特殊面料的名称，也是这种缠腰布的衣服名称。这种衣服到公元前 2400 年前后消失，后来在制作神像时保留在神的衣服上。它无性别和贵贱之分，贵族和庶民只是在质料和使用量上有些不同，贵族的衣服有很多衣褶，衣料使用量较大，而庶民衣服则相反，没有衣褶，衣料使用较少。（图 1-15）

图 1-15 卡吾那凯斯

图 1-16 古泰阿立像

（二）卷衣（缠裹式外衣）

卷衣（Volume Clothing）是巴比伦人由苏美尔人缠绕式传统服装发展而来的一种缠裹式外衣。在巴比伦王朝初期，服装上最明显的转变是在衣服上创造优美的垂褶。拉加休王古泰阿的立像是该地区迄今为止见到的穿这种衣服的最早例证。（图 1-16）这位苏美尔王朝最后一位国王采用了典型的巴比伦样式，后来巴比伦王国一直流行这种卷衣，这与两千年后希腊的希玛纯、古罗马的托加以及现代印度妇女的纱丽很相似。衣料从腋下穿过，围住身体，多余的料子包过左肩，将右肩和右臂裸露在外。巴比伦时期的艺术作品很少有记载女性的题材，所以很难详细描述妇女的日常装束。（图 1-17）据文献记载，巴比伦人统治期间，妇女的装束一般都遵循男子的服装式样。唯独现存于法国卢浮宫的一座古蒂时期的雕像是个例外，它上面的服装与男子不同的是妇女的双肩均被服装覆盖，布料紧紧地围住妇女的胸部，在背后交叉多余的布料向前披过双肩，松垂到腰部。

（三）流苏服装

亚述人的服装受古埃及新王国时代影响，追求华丽，在衣服的领口、门襟、下摆等处大量使用流苏装饰，同时还喜欢用刺绣和宝石装饰。刺绣纹样的题材多为植物花草，所使用的面料主要是羊毛织物，同时，从埃及引进的亚麻和从印度引进的棉花也逐渐得以普及，出产高质量的棉麻织物，并可以在织物中加入金线作为装饰。亚述人一般用麻织物用做内衣，外衣则多用毛织物。通过丝绸之路从中国传来的丝绸也逐步进入亚述人的生活。公元前 9 世纪到公元前 7 世纪间，除了日常着装外，还出现了适合不同场合穿着的礼服、军服和猎装。他们虽然用途不同，但款式都属于比较简单而便于活动的筒形外衣。（图 1-18）

图 1-17 卷衣（缠裹式外衣）

图 1-18 流苏服装

图 1-19 丘尼克与长裤

（四）丘尼克与长裤

波斯人是生活在山岳地区的游牧民族，受高原寒冷气候的影响，所穿服装属于北方型即紧身型。波斯人是最先使用动物毛皮制作服装的民族，也是世界上最早穿着裤子的民族之一。他们不仅会鞣制皮革，并且还有很高超的裁剪技术和缝制合体衣服的工艺技巧。普通百姓与士兵为了骑马射猎方便，大多上身穿紧身合体长及膝部的筒形丘尼克，下穿紧身长裤，在脚踝处把裤角塞进短靴内，头戴圆形帽山很高的无檐毡帽。这种装束既保暖，又方便游牧流动生活。（图 1-19）

（五）亢迪斯（宽松贯头衣）

亢迪斯（Candys）是波斯上层贵族在祭祀等重要场合穿的一种礼服，其为一种宽松多垂褶的贯头式衣服。当波斯人征服了整个两河流域以后，受此地区服饰文化影响，着装发生变化，他们也开始穿宽松的贯头衣。这种贯头衣构成极为简单，先将两块如同床单大小的布，在肩部平直缝合，留出脖颈领口位置，再在两侧低腰处向下缝合到衣服下摆，留出两个袖口位置，穿着时用带子在腰间系结。不同的穿着方法和带子的不同系结，能产生许多优美的衣褶，此衣服宽松透气，非常凉爽，这对于生活在高原寒冷地区的波斯人适应亚热带海洋性气候非常有效。（图 1-20）

图 1-20 亢迪斯（宽松贯头衣）

四、古西亚时期主要服饰

（一）苏美尔服饰

古代的苏美尔人在发型与服饰品上十分考究，男子不留长头发，把胡须剃得干干净净，只留漂亮的上唇胡须，少部分人也留长胡须。女子头上流行缠裹精致的头巾，从已经发掘出来的缝针实物来看，当时的手工缝合技术已经达到一定高度。妇女使用的服饰品——金项链、金手镯和镶嵌有各种宝石的耳环都非常精美，金属制作工艺技术已达到令人吃惊的地步。

（二）巴比伦服饰

巴比伦人的服饰品与前朝苏美尔人的服饰品基本相同，巴比伦王朝时期人们注重服饰的色彩搭配，从古城发现的壁画来看，喜欢用红、绿、青、紫四种颜色，同时还常用红、金、灰、白色四种颜色的流苏作为装饰，色彩搭配非常协调。随着织布工艺技术的进步，这个时期已经可以织出精美的纹样，同时也出现了刺绣技术，从出土的织物来看，花纹图案基本都是左右对称的，体现了巴比伦人的装饰风格。

（三）亚述服饰

根据亚述人留下的有限资料和作品证实，亚述妇女的社会地位非常低下，婚前属于父辈的私有财产，婚后这种"财产"转移到丈夫手中。妇女出门一律披戴面纱，不能让外人看到自己的容貌。但是妓女与女奴无权佩戴面纱，这样的规定目的是维护丈夫的尊严和利益。这种佩戴面纱的习俗，一直保留在西亚地区大多数信奉伊斯兰教的国家中。

（四）波斯服饰

波斯帝国时期最有名的就是波斯地毯和波斯织物，上面多绣织几何形纹样或植物花形的连续纹样，人们特别喜欢将黄、绿、蓝、紫等色用于服装。尤其崇尚紫色，因其色性的神秘优美，加之紫颜料提炼较为困难和成本较大，故而东西方上层贵族都喜欢穿着紫色服饰，视为高贵。另外，根据出土浮雕文物来看，波斯人制作的低帮鞋也极为精致，鞋面的两侧都有精心设计的图形纹样，反映了当时鞋匠的高超手工技艺。

第三节 克里特时期服装（公元前 2000—公元前 1000 年）

一、克里特时期社会文化背景

爱琴文明首先产生于克里特岛。克里特岛是爱琴海最大的一个岛屿，面积 8305 平方公里，它是诸多古希腊神话的发源地，是古希腊文化、古罗马文化以及西方文明的摇篮。早在公元前 4500—公元前 3000 年，克里特岛就有了来自小亚细亚的居民。从公元前 2400 年起，克里特进入青铜文化时代，出现了一个个奴隶制城邦，筑起王宫，建起神庙，创建象形文字。克里特的农业、手工业和海外贸易相当发达，是地中海和爱琴海一带欧亚、欧非贸易枢纽。克里特文化对希腊半岛影响很大，公元前 1400 年岛上宫殿毁于火山后，南部希腊的迈锡尼、太林斯等地的阿凯亚人继承了克里特文化，因此在历史上把克里特文化现象称为"爱琴文明"。

二、克里特时期主要服装特点

克里特人性格开朗，是一个开放的海洋民族，该民族与古埃及和古西亚各地的民族有所不同，它不存在拥有绝对的权力统治人民的王者。人们在得天独厚的大自然中，过着自由自在的生活，他们喜欢音乐和户外体育活动，这种乐天派的民族特性明确地反映在其服装上，形成与其他古代民族不同的样式。

克里特女子服装造型时尚现代，款式豪华、优雅，最显著特点是袒领露乳，男女服装都流行束腰造型，服装款式紧身合体，具有高超裁剪技术。腰间使用金属腰带装饰，裙子流行一段一段接起来的下摆宽大的"塔裙"款式，表面有褶襞装饰，里面使用草木、金属等物支撑裙子，强调胸、腰、臀曲线体态变化。同时服饰品图案十分精美，服装工艺制作讲究；金属饰品加工水平技术高超。男装造型单纯，女装非常具有现代感，这从 19 世纪克里特遗迹被发掘出的精美妇女雕像和壁画中得到证实。这些妇女雕像被现代人们誉为"古代的巴黎姑娘"。

三、克里特时期主要服装式样

（一）紧身袒胸装

紧身袒胸装是克里特女子典型的服装造型式样，最大特点就是紧身合体，其基本造型为上衣下裙组合式，上衣短小，衣领开口低而大，整个双乳袒露在外，衣襟在乳房下系合，秀美中不乏典雅，一条宽腰带把服装分为上下两部分。上半部分使后背完全直立并裹住双臂，前胸袒露，有力地衬托出胸腰部位的曲线。这样的着装习俗一直流行于整个克里特历史。（图1-21）

（二）吊钟塔裙

吊钟式"塔裙"是从公元前18世纪开始流行的一种克里特女子典型裙子，是贵族妇人的主要服式，此裙为一段一段连接起来，形似吊钟状"塔裙"，下摆为波浪环形，用荷叶花边装饰，裙内用灯心草、草木或金属等做成酷似裙撑的东西，将裙子撑开，这可能是后世裙撑最早的雏形，这可以从克里特岛出土的公元前2000年的文物雕塑中得到证实。克里特人天才的裁剪技术创造出女性优美的服装造型，相对宽松的缠裹式服装，克里特女子服装样式可以说是古代服装最为时尚的款式。（图1-22）

（三）罗印·克罗斯（腰裙）

罗印·克罗斯是克里特男子的一种腰裙，克里特男子基本上身赤裸不穿衣服，仅在下身用布缠裹作为衣服，服装造型与古埃及的罗印·克罗斯不同，其款式简洁、结构简单，除了下摆有边饰和富有装饰味的腰带外，给人印象最强烈的是比例匀称、肌肉发达的人体美。此时的腰裙仅是一种附属的存在，在表现理想的人体美时，腰细是一个关键条件，所以男女都喜欢用精美的腰带人为地把腰勒得非常细，形成人体上下曲线的强烈对比，成为克里特男子独特的服饰风格。（图1-23）

图1-21 紧身袒胸装

图1-22 吊钟式塔裙

图1-23 罗印·克罗斯（腰裙）

图 1-24 克里特时期发型

四、克里特时期主要服饰

（一）发型

克里特时期男女发式繁杂，其共同点是都喜欢留长发，并用原始的方法对头发进行卷烫，然后将头发梳成马尾辫，或将其编成辫子，或将卷曲的长发披在肩上等。各种造型的卷曲长发衍生出各种束发带子，后逐渐衍变成用各种绣花发带来固定头发，地位显赫的女子还在发带上点缀金针饰品，并用发夹固定头发。（图 1-24）

（二）帽式

帽子据说最早出现在克里特时期（选自英国人普兰温·科斯格拉芙所著《时装生活史》），在此出土的陶瓷雕像可以印证。帽子造型独特，男子帽上多用羽毛装饰。女帽分两种类型：一是两层或三层的无檐筒状的塔邦式；另一种则是类似现在的贝雷帽。

（三）装饰品

克里特人在装扮上也要花很多时间。宝石、贵金属制的项链手镯为男女皆用的服饰品，发簪等头饰和耳环则为女性专用。克里特人遵循严格的美容仪礼，不分男女每天皆喜欢濯发洗身，女性沐浴后还需全身涂抹润肤油以保持皮肤弹性。

（四）鞋子

由于克里特时期的人与古埃及人有密切的贸易往来，所以他们有许多生活习俗和装饰风格都比较类似。和古埃及人一样，鞋子只是在外出时才穿用，居家生活时均为赤裸脚足。鞋的样式主要有拖鞋、鹿皮靴式短袜、绑在脚踝上的凉鞋以及走远路的高帮靴。男子还穿白色或红色皮革半高帮靴，而女子则穿高帮靴或高底鞋。

第四节 古希腊时期服装（公元前8世纪—公元前146年）

一、古希腊时期社会文化背景

公元前5世纪中叶到公元前4世纪中叶，希腊经济、政治、文化高度发展，达到鼎盛期，西方进入希腊化时代。古希腊人怀疑神灵的古老传说，以其涌动不息的激情创造了典雅的艺术特征。

在古希腊众多的城邦国家中，南希腊的斯巴达和中希腊的雅典很具代表性。居住于斯巴达的主要是多利安人，居住于雅典的主要是爱奥尼亚人，这两个民族作为古希腊代表性的民族，在美术、建筑和服装上创造了成为后世规范的两种文化样式。以建筑为例，雅典卫城南坡上的帕特农神庙是多利安式的代表，北坡上的伊果克底昂神庙是爱奥尼亚式的代表。多利安式具有简朴、庄重的男性特征，爱奥尼亚式则具有纤细、优雅的女性特征。这些特征在建筑、雕刻和服装上都得到了充分的体现。

古希腊时期女子无权选择自己的婚姻，婚姻是双方家长根据经济情况来安排的。不管社会地位如何，古希腊女子的职责就是料理家事，生儿育女，照顾全家吃穿。纺纱织布是女子一项主要的工作，就连贵族妇女也不例外。一些家居用品，如窗帘、床罩、坐垫等，也需要女子亲手来做。结婚以后，妻子还要服侍家人用餐，伺候丈夫沐浴。从母亲那里学习操持家务，还要读书、写字、学习纺纱、织布以及刺绣。不仅如此，女子还要学唱歌、跳舞、演奏乐器，这样做不仅自己得到锻炼，同时也是为了取悦自己的丈夫。

二、古希腊时期主要服装特点

古希腊服装不具有明显的区分身份地位的功能，因此也就无需以华丽和复杂的装饰来表现某种权威性，甚至连男女服饰也没有明显的区别。其服装款式结构极为单纯、朴素，仅为一块长方形的布料，不需任何裁剪，只在局部做少量的缝制。人们将其披挂、缠裹身上，盖住左臂而露出右肩，再用别针或领针（又称搭扣）固定在左肩或两肩上。这种罩衫式服装长度到膝关节或延伸到脚踝，其长度和腿脚的活动量是根据穿衣者的社会地位来定。为了活动方便，一般劳动者的罩衫长度都比贵族罩衫的长度短。平民百姓多为素织单色，而那些贵族的豪华罩衫通常会漂染上色，再刺绣精美几何图案或其他装饰品来镶边。通过在人体上的披挂、缠绕，塑造出具有优美衣褶的悬垂波浪宽松型服装形态，显得优雅、轻松，最具代表性的品种是希顿（Chiton）和希玛纯（Himation）。希顿一词来自阿拉伯语 Kouttonet，是随着希腊人从埃及进口麻织物和使用爱奥尼亚式希顿而出现的名词，意为"麻布的贴身衣"，是古希腊人男女皆穿的一种内衣，这里的内衣是与当时作为外衣的希玛纯相对而论，与现代的"内衣"含义有所不同，实际上这是古希腊人平时穿的一种常服。古希腊女子服饰最典型的特征是在缠裹悬垂的衣服外面使用细长带子交叉缠绕在胸部与腰部，有的还在头发上，以及穿的鞋上使用带子交叉缠绕系结固定，形成古希腊女子服饰独特的装饰风格。

三、古希腊时期主要服装式样

（一）希顿（缠裹式内衣）

希顿是一种用布料在人身体上用别针固定而形成的服饰，最具代表性的希顿有两种款式：一种是多利安式希顿（Doric Chition），也称作佩普洛斯，佩普洛斯在希腊语中指的是一块布缝合成的衣服，后来为了区别于其他款式，专指多利安式希顿。早在公元前 6 世纪以前，古希腊人多穿这种样式的衣服，衣料为一块长方形的白色毛织物，其一般用量为长边等于伸平两臂后两肘之间距离的两倍，约 6 英尺（约 183 厘米），短边等于从脖口到脚踝的长度再加上脖口到腰际线的长度。多利安式希顿的特征是没袖子，造型单纯、粗犷，白色毛织物是根据使用需要织出的整块衣料。据说是用织机由两个人同时织出来的，在布的边缘还织着色线装饰，毛织物厚重，垂感好，很适合表现这种悬垂装饰的服装造型。（图 1-25）

图 1-25 多利安式希顿
（贴身式连衣裙）

图1-26 爱奥尼亚式希顿
（连衣细褶裙）

另一种叫爱奥尼亚式希顿（Ionic Chiton），原是小亚细亚西岸的爱奥尼亚地区人们穿的衣服。最初是男子的衣服，后来男女共用。白色为主，还有绿、茶、金黄等色，其中黄色多为女子使用。公元前6世纪前后传入雅典，很快被普遍采用。公元前5世纪希腊历史学家赫罗多托斯（Herodotos）有如下记载：在雅典，本来一般都穿多利安式的衣服，但当女人们犯口角争吵激烈时，多利安式衣服上的别针就成了凶器，这种别针曾刺死过人。因此多利安式衣服被禁止穿用，爱奥尼亚式取而代之。（图1-26）

系腰带是多利安式和爱奥尼亚式希顿的共同特征，它是创造优美的褶饰和造型的一个非常重要的因素，在古希腊赞美女子美貌的诗当中，经常有关于系带的描写。这两种希顿的流行虽然有先后，但在很多地区是并用的，一般年轻人喜用多利安式，而中年以上的人则喜用爱奥尼亚式。

（二）希玛纯（披缠式外衣）

希玛纯是古希腊男女都穿的一种披风，广义上泛指矩形衣料。希玛纯没有固定的造型，从用途上可分为有里子的（外出用）和没里子的（平常用）两种，其大小种类也很多，但一般情况下为宽等于身长，长是宽的3倍的一块长方形布。其应季节分别选用毛织物或麻织物。其颜色一般多为白色或本白色，也有茶色和黑色，随着时代的变迁，也使用装饰条纹或刺绣花纹，还有名贵的紫色或朴素的红色，遇到不幸时，多使用淡墨色。（图1-27）

希玛纯也没有固定的披法。最常见的是先把布搭在左肩上，使前边部分长及地，后面从右腋下松松地绕回到前面来，再一次通过左肩、左臂垂在后面。在上层阶级的女子中，希玛纯的用量较大，常把遮盖左肩、左臂的布展开，把头和手都包起来。希

图1-27 希玛纯
（披缠式外衣）

玛纯通常披在希顿外面，但那些哲学家和学者们，出于清高，仍然保守着直接在身上披希玛纯的传统习惯，并引以为荣。女性在希顿外面披希玛纯多出于美化的目的，据说其披法不同还可以区别服用者的身份和职业。

（三）克拉米斯（斗篷）

克拉米斯（Chlamys）是比希玛纯小的一种斗篷，可单独穿，也可穿在希顿外面，是年轻人非常喜用的室外衣服。最初为骑士们所用，后用于士兵和旅行者。一般为1米左右见方的矩形或椭圆形织得相当结实的羊毛织物，多采用红、土红等暗色，两端织有白色带状边饰。穿法也相当单纯，把布往身上一披，在一侧肩上或胸前用别针加以固定。（图1-28）

（四）迪普罗依德（双层披风）

迪普罗依德（Diploid）是古希腊时期一种变形的希玛纯，diploid的意思是两倍的、重层的，因为迪普罗依德除了在原来的希玛纯的基础上增加褶裥，还在胸部和腰部另外又绕上了一层深褶的衣料，使衣服产生明显的双层效果。（图1-29）

（五）迪普罗依迪昂（四角垂挂衣）

迪普罗依迪昂（Diploidion）是古希腊时期服装的又一种独特式样，采用一块长方形的面料，中间挖剪一个洞，将面料四周裁成弧线状，形成四个细长有尖的布片，穿着后自然下垂挂在身体的前后到膝关节，形成复杂而优美的波浪褶饰，具有活动性和开放性的特点。（图1-30）

图1-28 克拉米斯（斗篷）　　　　　　　　　　　　　　图1-29 迪普罗依德　　图1-30 迪普罗依迪昂

四、古希腊时期主要服饰

（一）发型

古希腊男女都非常注重赋予头发宗教及象征意义，无论是结婚与葬礼都要剪发奉献或一起火化，对于头发外型的变化格外关心。女子经常用洒有香水或加了香料的水洗发、烫发，喜欢把头发染成金黄色，挽成各种各样的发髻，用缎带、串珠、花环、发簪、发网以及宝石和贵金属等把发型装饰得十分华丽。男子最初也蓄留长发，并烫出有节奏的波浪，用绳带系扎或编成发辫盘在头上。但到公元前 4 世纪前后，男子则流行留短发，剃胡须。当时已有了专门的理发店，理发店不仅是人们理发、剃须的地方，也是谈天论地的社交场所。

（二）头饰

古希腊人的帽子样式十分丰富，主要有两种比较普遍的样式：一种为形似宝塔的锥形帽，帽檐宽大，帽顶为细长形的圆锥体；另一种为无边无檐软帽，其形如人头，用毛毡或羊毛做成，有时戴在头盔的下面。由于古希腊人很注重发型的设计，所以帽子虽然有很多的样式，但并不经常穿戴。

（三）乳带

乳带是古希腊女子服装中最具特色的配饰。古希腊的年轻女子很少露胸，她们的衣服多为宽松式，而胸部则用两条带子交叉在衣服外面托住乳房，然后缠绕至腰间固定系结。这种带子叫班德奥（Bandeau），即细长形的乳带，它是现今妇女胸罩的最早雏形。最早乳带使用在衣服里面，年轻女性用它托住乳房早晚不离身，直到新婚之夜，由她丈夫亲自剪断，从此不再穿用。后来衍变成使用在衣服外面，形成古希腊服饰特有的装饰。（图 1-31）

图 1-31 古希腊乳带

（四）美容与化妆

古希腊到公元前4世纪，除了下层社会贫民之外，女子无论老幼都流行化妆，她们每天都会细致地保养皮肤，把橄榄油以及其他动物油脂，如鹅油、牛油等涂抹在身上进行按摩，既可治病又可以美容护肤。同时还流行涂口红、擦白粉、洒香水、镶牙、描眉毛，特别喜欢"一字眉"，即两条眉毛在鼻梁上方连接在一起，有的女子甚至用假眉毛装饰。

（五）饰品

古希腊人同其他很多民族一样都有佩戴金银珠宝来炫耀财富的习俗。在创始时期，佩戴的饰品只有几种，主要是用金银等金属制作固定衣服的别针和领针。随着时间的推移，饰品种类越来越多，如各种造型的耳环、手镯、项链、胸针、扇子、遮阳伞、金银柄头的手杖等。饰品的材质除了金银以外，还有各种珍贵宝石。

（六）鞋子

古希腊人在家都赤脚，只有出门才穿鞋，但贫民在室内室外都不穿鞋子。大多数人，无论男女外出都穿木底或皮质底的凉鞋，穿着的方法和凉鞋的种类也是多种多样，最常见的一种凉鞋是上面的皮带像扇子一样展开，穿过脚趾，经脚背绑在脚踝上。这些皮带非常细窄、轻巧，整只脚几乎全部露在外面，多为平底造型，高底鞋在这个时期主要是妓女穿用。男子鞋的颜色多为自然色或黑色，女子一般为红、黄绿等鲜艳色。还有一种长筒靴，一般长及腿肚部分；有的里面还有毛皮，用细窄皮带系扎固定，主要为打仗的士兵和猎人穿用。

第五节 古罗马时期服装（公元前1000—公元395年）

一、古罗马时期社会文化背景

古罗马文明发祥于三面环海的意大利半岛，据说公元前2000年初，一批批印欧人从东北进入半岛。其中一支拉丁人定居在中部的拉丁平原，发展起农业生产，建立起了罗马这座城市。接着又凭借战略位置，开拓了这片领地。

罗马初期经历了一个"王政时期"，这是罗马从原始公社制向阶级社会的过渡阶段。约公元前509年，王政结束，建立了奴隶制共和国。公元前3世纪初，罗马统一了意大利半岛，成为地中海的一大强国。后又征服了北非的迦太基、西部的西班牙和东部的马其顿、希腊等地区，到公元前27年，罗马进入帝国时代。一般把罗马帝国分为前期帝国（公元前30—284年）和后期帝国（284—476年）。

前期罗马帝国维持了比较稳定的统治，奴隶制经济得到进一步发展，达到极盛期。公元3世纪奴隶制进入危机时期，作为封建因素的隶农制不断发展。自戴克里先在243—313年建立君主制，到君士坦丁280—337年在位时，皇帝权力加强，统治中心东移至拜占庭（君士坦丁堡）。自公元1世纪兴起的基督教由长期受迫害转而于公元313年（米兰敕令）取得合法地位；公元392年罗马皇帝狄奥多西一世正式宣布基督教为国教。这些都对当时的服装文化产生了重要的影响。

古罗马的文化，大体上承袭了发达的古希腊文化，同时也融汇了古代东方文化和伊达拉里亚人特有的民族文化。其中，屋大维统治时期被称为罗马文化的"黄金时代"，辉煌的罗马文化对后世的西方文化有很大影响。

二、古罗马时期主要服装特点

古罗马人征服了古希腊，但又被古希腊的文明与美所征服。古罗马的服装文化与建筑、美术、音乐、哲学、文学等其他文化现象一样，深受古希腊文化的影响。在服装上几乎没有什么创新，基本形态仍然保持传统的贯头式内衣和宽敞的缠裹式外衣的组合。从造型款式与类型上基本都是模仿古希腊的造型样式，宽松肥大多无形。但是，与古希腊相比，古罗马是古代最有秩序的阶级社会，因此服装作为表示穿用者身份的标志和象征意义在这一时期发挥着重要作用。古罗马时期最有影响的服饰是女子的竞技服装，出现了世界上最早的上下分离的女子服饰，体现出古罗马人追求人体健美的特点和开放性格。

三、古罗马时期主要服装式样

（一）托加（宽大衣袍）

古罗马男子服装的代表是托加（Toga）。"托加"是拉丁语，意为"和平时的衣服"，产生于公元前 6 世纪前后，其起源有两种说法：一说来自伊达拉里亚人的斗篷；一说来自希腊的希玛纯。但不管怎么说，托加和罗马帝国的伟名一起，是罗马人引以为荣的广为人知的特殊衣服。它不仅是世界上最大的衣服，同时也是古罗马人的身份证明。它包含的内容和造型的演变正是罗马帝国形态和历史的一个缩影。在初期王政时代，托加还只有希腊的克拉米斯那样大小，且男女都穿。随着穿法的进步，逐渐变大；到共和制时代，托加成为男子的衣服，形状接近圆形；到帝政时代，托加演变成非常庞大的服装样式，所用布料为长达 6 米、宽 2 米的椭圆形，穿时需别人帮忙。后来，随着国力衰落，托加也渐渐变得窄小，帝政末期的托加窄小得几乎失去了原有的特色；到拜占庭初期，托加变成一条宽 15—20 厘米的长长的带状物，至公元 7—8 世纪消失。（图 1-32）

在共和制初期，托加的象征性还不明显，仅是一种外衣，罗马人瞧不起北方穿裤子的民族，视其为"蛮族"。托加和单纯的罗印·克罗斯一起，是罗马男子的"组合套装"。但当罗马人穿上丘尼卡这种袋状的内衣之后，托加即被赋予社会性的象征意义，并分化出许多种类，以表示各社会阶层的不同身份、地位和职业。（表 1-1）

图 1-32 托加（宽大衣袍）

表1-1 古罗马托加
类别简表

托加名称	颜色和装饰	着衣者
普莱泰克斯塔（Praetexta）	白色，有紫色条状缘饰	司政官、领事、检察官
托莱贝阿（Trabea）	紫色；白紫相间；紫加深红条纹	皇帝、祭官、议员、占卜师
佩克塔（Picta）	紫色绣有金色纹样	皇帝、凯旋将军
帕尔玛塔（Palmata）	紫色，以金线绣有棕榈叶纹样	皇帝的宫廷官服
亢迪达（Candida）	经漂白后的白色	候补官吏
维利利斯（Virilis）	本白色，未经加工	男性市民
普尔拉（Pulla）	暗灰色、深棕色、黑色	居丧者的丧服

（二）丘尼卡（袋状贯头衣）

丘尼卡（Tunica）是罗马男子另一代表性的衣服，其造型是一种类似宽大睡袍的袋状贯头衣，结构简单，用两片毛织物，留出伸头的领口和伸两臂的袖口，在两侧和肩上缝合，袖长及肘部，男子衣长及膝部，女子衣长到脚踝，一般腰部系带子，形成自然而优美的衣褶，腰带有宽有窄，在室内穿一般不用系腰带，多为白色。过去托加一直是古罗马人的主要外衣，后来由于发展得越来越庞大，日常穿用不方便，这样丘尼卡就逐渐成为日常的主要服装。贵族们的丘尼卡普遍较长，且在前后身有紫红色的纵条纹装饰，并以其宽窄度标识官阶的大小。（图1-33）

图1-33 丘尼卡（袋状贯头衣）

图1-34 拉塞鲁那（防寒斗篷）

（三）拉塞鲁那（防寒斗篷）

随着古罗马版图向北扩张，男子服装中又出现了一种很实用的防寒用斗篷——拉塞鲁那（Lacerna）。刚出现时很少有人穿用，到罗马帝国末期，被一般市民、士兵以及所有阶层拿来作防寒服用。一般为毛织物，除紫、红色外，还有许多明快的色彩，下摆呈圆形，衣长略长于腰际线。穿时在右肩或前胸用别针固定。可穿在当时所有衣服的外面。其中有的还带有风帽，带风帽的拉塞鲁那叫做"库库鲁斯"（Lucullus）。（图1-34）

（四）佩奴拉（贯头外套）

佩奴拉（Paenula）是一种外套。最初为下层阶级作为防寒、防雨或旅行时男女都穿用的一种实用的贯头衣，用毛织物或皮革材料裁剪成椭圆形，在中间挖个洞伸头，两边有袖子。也有的做成从左边开门的，用扣子固定。衣长及腰、及膝不等，还有像库库鲁斯一样带风帽的。后来被基督教的僧侣和贵族们启用，从此而具有象征意义。到中世纪，佩奴拉完全成了一种礼仪服装。（图1-35）

（五）斯托拉（希顿式内衣）

斯托拉（Stola）是一种模仿古希腊女子希顿的服装。用比丘尼克宽得多的面料做成，在肩臂处用安全别针固定。最初为毛织物，后来用亚麻织物和棉织物，上层阶级还用通过丝绸之路进口的中国丝绸来制作。斯托拉主要为已婚女子和有罗马市民权的女子穿用。通常穿在丘尼克外面，腰里系一条带子，有时在乳下和低腰处各系一条带子。（图1-36）

（六）帕拉（希玛纯式外衣）

帕拉（Palla）是一块长方形的毛织物或麻织物，缠裹的方法如同希玛纯，通常缠裹在丘尼克或斯托拉外面，色彩有紫、红、蓝、黄、绿色等。（图1-37）

图1-35 佩奴拉（贯头外套）　　图1-36 斯托拉（希顿式内衣）　　图1-37 帕拉（希玛纯式外衣）

图 1-38 斯特罗菲吾姆与帕纽
（内衣式竞技女装）

（七）斯特罗菲吾姆与帕纽（内衣式竞技女装）

斯特罗菲吾姆（Strophium）与帕纽（Pague）是指在公元前三四世纪，古罗马女子参加体育竞技时常穿的一种由胸带和三角裤组成的装束。前者是缠在胸乳上固定乳房的布带，比希腊时候的乳带更接近于现代的胸罩。后者是一种缠腰布，从造型上很像现代女用三角内裤。这种组合很像 20 世纪 50 年代出现的"比基尼泳装"。（图 1-38）

四、古罗马时期主要服饰

（一）发型

男子发型主要是烫成卷的短发，秃头被视为残疾，为了加以掩盖，秃头者常戴帽子或假发。而古罗马人使用的假发是用浆糊之类把头发黏在头皮上。除一些哲学家外，男子一般不留胡须，但未成年之前是不剃须的。罗马男子不仅剃须，而且拔须。当时很盛行脱毛剂的研究，但这些药物多为女性所使用。

女子发型更为讲究。共和制初期，流行把发辫盘在头上的伊达拉里亚式发型。贵夫

图 1-39 古罗马发型

人们都使用技高手巧的女奴隶每天为自己设计新的发型。公元 1 世纪，以奢侈淫荡闻名的麦萨莉娜王妃每天都要花好几个小时让专属美容师为自己做发型。当时最流行的发型是用金属框架支撑，在头顶盘成圆锥状的发髻。为女主人做发型的奴隶如果做得不好，轻则遭鞭打，重则连命都没了。现在我们看到的罗马雕像中漂亮的发型，可以说都是奴隶们冒着生命危险创造的艺术。（图 1-39）

（二）化妆

古罗马人很注重化妆，开发了很多供女性用（有时男性也用）的化妆品。现代化妆品中的润肤剂、洗面奶、增白剂等，在古罗马均被开发和研究。罗马女人用蜡或石膏拔汗毛，用黑色眉粉描眉，为了掩盖脸上的斑点，还用月牙型的小片（类似中国古代的花钿）贴在脸上。

（三）耳饰

耳饰也是罗马人喜用的服饰品之一，其样式常是中间一颗大宝石，下垂三颗小宝石，像枝形吊灯一样，比起造型，更加注重其"声响"效果。镶嵌着金和宝石的冠也曾相当流行。项链也有很多造型和种类。虽然罗马人大量使用了贵重的珠宝，但其加工水平却并不十分高超，设计样式也不能说完全都是独创。但与希腊和东方那种精巧相对，罗马人强调了单纯的魅力。多彩宝石的使用为后世拜占庭文明华丽的珠宝工艺打下了基础。

（四）结婚戒指

图1-40 古罗马戒指

结婚戒指是古罗马人首创的。古罗马人将古埃及人戴戒指的风俗沿袭下来，并不断赋予某种象征意义。罗马帝国时期，规定平民只能戴铁制戒指，而贵族才能戴金制戒指。结婚时，男女必须将戒指戴在左手无名指上，表示双方对婚姻的尊重。罗马人对戒指十分喜爱，贵族为体现其身份和炫耀财富，在每个手指上都戴多个戒指，甚至连脚趾上也戴上了宝石戒指。（图1-40）

（五）鞋子

古罗马人的鞋子是从希腊式鞋子中衍生出来的，但其意义不同。古希腊人视鞋子为衣服的附属品，只有外出时才穿鞋子。而古罗马人则认为鞋与衣服同等重要，鞋子在造型设计和配色上都体现一定的社会等级。另外，实行帝制以前，一般鞋的颜色都是黑色，后来被染成白色。罗马人不仅在室外穿鞋或靴子，在室内也穿类似现今拖鞋一样的轻便凉鞋。同时，鞋子对于达官贵人们是一种时髦的消费品，上层贵族常在鞋上装饰宝石。有文字记载当时还曾出现过穿红色厚底鞋的"时尚怪人"，令许多保守的人十分不快。

第六节 古代服装小结

综上所述，古代是人类发展历史的萌芽时期。在这段历史时期，人们通过发展农业、栽培植物、养殖畜牧、手工作业等原始的方式垦荒开田，促进生产力的发展，造就了璀璨的古代文明。文字在这个时期出现，算术和几何学在这个时期产生，天文地理知识也有了萌芽。

这个时期的服装款式主要以"衣料绕体"为特征。通过块状面料的简单裁剪或通过缝制或不经缝制，形成块料型服装。地处热带的古埃及在早期穿的腰衣裙是块料型服装的最简单形式，也是古埃及从古王国时期到中王国时期的主要服装形式之一。当时人们上半身是裸露的，随着时代的发展，人们开始穿较长的筒形连体紧身衣丘尼克，到新王国时代，女性服装开始优于男性，女式丘尼克长度加长至小腿肚，腰高提至靠近乳点的位置，开始注重装饰性的美感，很富有现代礼服的感觉。贯头衣卡拉西里斯宽大的衣身，形成的自然垂褶，很像现代的连衣裙。

古埃及与古西亚都是对欧洲文化有影响的地区，分南方温热与北方寒冷两种类型，服装面料以羊毛为主，麻、棉为辅，南方型主要用布料在身体上披缠、缠裹类型服饰为主，不强调服装的外观造型，注重衣料织造、染色、刺绣等外观效果。亚述人还特别喜欢用流苏装饰服装。北方型服饰以讲究裁剪合体、制作紧身服装为主。

克里特文化是古希腊、古罗马以及西方文化的源头。服装强调人体的曲线美，服装结构紧身合体，装饰性和工艺性都有较高的水平，是当时最为时尚的服饰之一。

古希腊人的希顿是一种最能体现人体美感的艺术形式。就像纯真的感情、会心的微笑、皎洁的月光、美妙的诗歌，所以后世曾几番重现古希腊的服装风格。托加这一世界上最大的服装，在当时赋予了沉重的意义，成为了古罗马的代言。

古代服饰在服的历史长河中也留下了深深的脚印。当时的男女都盛行戴假发，并且注重化妆，他们把各种"护肤油"涂于面部，保护皮肤。早期古代的南方人很少穿鞋，只是后来处于礼节开始有了穿鞋的意识和习惯，当时的鞋子大都是木底、动物皮革底或者草编底的凉拖鞋或草鞋。

总之，这一时期的服装发展对后来服装的进步打下了坚实的基础。以天然的棉麻丝毛等为材料的服装在这个时期开始出现，其中亚麻织物早在古埃及就已经开始应用。如果没有古代文明古国人们的创造，没有当时的披缠式和简单的服装结构形态，也就不可能有今天丰富多彩的服装造型面貌。

思考题：

1. 简述古埃及服饰的文化特征。

2. 名词解释"丘尼克"。

3. 简述克里特服饰文化的特色。

4. 比较古希腊与古罗马服饰的异同。

第 二 章

中世纪服装

　　欧洲历史上一般把5—15世纪这段时期称为中世纪。罗马皇帝狄奥多西死后，古罗马帝国分裂成东、西两个罗马，帝国的皇位和社会制度随之发生了很大的变化。西罗马帝国因北方日耳曼的入侵仅存81年就灭亡了，随后西欧大陆进入动荡的战乱年代。历史上一般把5—10世纪称为欧洲文化的黑暗时代。以拜占庭为首都的东罗马帝国却繁荣昌盛达1000多年，创造了拜占庭独特的文化。拜占庭文化集古罗马文化、古代东方文化和新兴的基督教文化于一体，这一时期也是欧洲各个民族语言和文化的形成时期。11世纪的十字军东征促进了整个欧洲文化的融合，致使中世纪后期产生了两大划时代意义的时期，即"罗马式"和"哥特式"时期。

　　自从古罗马帝国末期基督教被定为国教以来，在东罗马帝国顺利流传，于9世纪前后也普及于日耳曼民族。基督教认为人是神创造的，神是唯一、绝对的存在，要求人衷心爱神，因此人与人之间的爱被放在次要位置，甚至成为与对神的爱相矛盾的对立物而被克制。西欧大陆教会也发展成为强大的封建势力，与封建统治者勾结，垄断教育，推行愚民政策，教士通过读经讲道，向人们灌输迷信思想，宣传虔诚、禁欲、恭顺、服从，死后升入天堂的来世观和以神为中心的神秘主义。服装文化作为中世纪文化的一个分支，受基督教的影响十分强烈，主要服装特征表现为"密不漏体、内衫外袍、层层防护"。

　　从具体服装形态上看，中世纪服装是从古罗马那种南方型的宽衣文化发展到了以日耳曼人为代表的北方型窄衣文化，脱离古代服装那种平面性单纯结构，与东方服装继续在衣服表面装饰上追求相对变化。从此服装进入追求三维空间的立体构成时代。一直到现代，基本上仍然是北方型窄衣文化的发展与延伸。

　　因此，中世纪的西方服装史可以分为两部分：即南方型宽衣文化为主导的中世纪前期（5—10世纪）和北方型窄衣文化为倾向的中世纪后期（11—15世纪）。

第一节 拜占庭时期服装（395—1453年）

一、拜占庭时期社会文化背景

公元 330 年，罗马皇帝康斯坦丁一世（Constantine I，272—337 年，图 2-1）将罗马帝国首都东迁至希腊小城拜占庭，并命名为康斯坦丁堡，即现在土耳其的伊斯坦布尔。公元 392 年，罗马皇帝狄奥多西一世（Theodosius I，379—395 年，图 2-2）正式宣布将基督教为国教，全国上下推行禁欲主义道德观。公元 395 年，罗马帝国分裂后，西部仍然称为罗马帝国即西罗马，而东部改称为拜占庭帝国即东罗马。公元 476 年西罗马帝国因奴隶起义和日耳曼人入侵而灭亡，从此欧洲结束了奴隶制社会，进入封建社会。至此西欧逐渐形成了封建割据的新局面。这段时期西部欧洲长期处于各新兴封建王国，常年混战不休，民不聊生，政治混乱、文化落后的动荡时期，此时基督教成为人们主要的精神支柱。然而，东罗马拜占庭帝国却繁荣昌盛长达 1000 多年之久，在这 10 个世纪中，康斯坦丁堡始终继承和发展了古希腊、古罗马以及东方的许多传统文化和艺术风格，并使其与自己的文化相结合，在这融合的基础上，产生和发展了独具特色的拜占

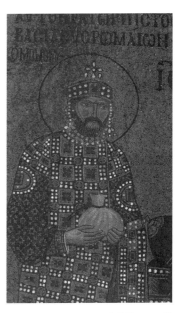

图 2-1 康斯坦丁一世

图 2-2 狄奥多西一世

图 2-3 拜占庭时期建筑艺术

庭文化。这一崭新的文化，在世界上产生了巨大而广泛的影响。(图2-3)

康斯坦丁堡位于欧亚大陆两洲和地中海与黑海的连接点上，是古代东西方交通要道，三面环海，地势险要，不仅是拜占庭帝国政治、经济的中心，也是当时欧亚大陆的文化中心，在东西方经济和文化交流中起着很重要的作用。特别是在叙利亚，引进机器梭子来织布，发展了纺织技术，可以织出各种华美的图案面料。同时拜占庭的金属工艺精巧，宝石、玻璃常用作服饰品，象牙、毛皮类加工技术发达，这些不单满足拜占庭贵族和高级僧侣之所需，而且向西欧出口，以丝织品、玻璃制品、武器等产品而著称，被誉为"奢侈品的大作坊"。拜占庭帝国以6世纪查士丁尼统治时期为鼎盛期，西方开始了养蚕业，正是在他的资助下，一个传教士才能把桑蚕种和桑树种子藏在空心的手杖里，从中国内地偷带到西方（当时中国政府对养蚕织丝技术还是保密的）。从此以后，独特的拜占庭文化通过西欧各地来朝拜进贡和各地贵族将拜占庭产品带回西欧，拜占庭文化直接与间接影响着欧洲文明的进程。

二、拜占庭时期主要服装特点

中世纪前期的拜占庭服饰文化，以丝织物最具有代表性，其最大特点是色彩绚丽丰富。织花和刺绣纹样的题材也十分广泛，有从古典理念继承下来的几何纹样，有神话空想动物，也有令人耳目一新的基督教仪式场面。每一种几何纹样和绚丽的色彩几乎都被赋予宗教的含义，比如几何纹样中，圆象征无穷，十字形表示对基督的信仰，羊是基督教的象征物，鸽子表示神圣的精神；色彩中的白色象征纯洁，蓝色象征神圣，红色象征基督的血和神之爱，紫色象征高贵和威严，绿色象征青春，黄金色象征善行，深紫色表示谦德，亮黄色意味着丰饶。有一种叫做萨米太（Samite）的丝织物（图2-4），其特点是将金线、银线与丝织物混织，十分豪华。同期还有以麻为经线，以染成纹样的毛线为纬线的织锦，更加豪华的面料是把宝石和珍珠织进织物中，足见当时纺织技术之高超。

图2-4 萨米太织物

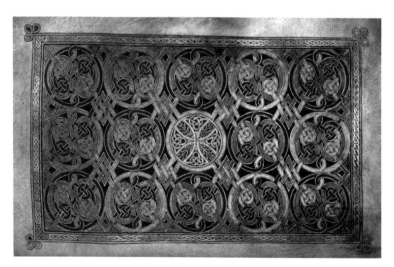

中世纪前期东西欧的文化交流较少，服装文化上存在较大差异。东欧以拜占庭文化为主导，男女服装样式差别不大，仅在裁剪和服装装饰上有细节上的区分。初期服装基本沿用罗马帝国末期样式，但质量大大提高，装饰纹样增多，色彩更加丰富。由于中世纪宗教盛行，全社会推行禁欲主义，男女服装造型皆为长袖直筒型长外衣，主料为丝绸、亚麻。其特点为包裹严实，不露肌肤，不显体型。服装由过去的绕体式演变为缝制式，形成更加清晰的衣服结构，使服装带有明显的宗教色彩。随着基督教统治的加强，服装外形开始变得呆板、僵硬，把表现重点转移到衣料的质地、色彩和表面装饰纹样的变化上。特别是上层阶级与名门贵族服饰织物更加华丽奢侈，将贵重的金银、宝石镶织服装面料之中。服饰配件与服装一样，到处都镶满金边银饰，大量珍珠、翡翠、红宝石等各种珠宝装满全身，使男女服装都比较厚重，形成拜占庭时期独特的服饰文化特点。（图2-5）

图 2-5 镶珍珠宝石服饰

西欧则以日耳曼文化为主导，服装样式以日耳曼分体式结构为主，该样式从一开始就要裁剪，为便于活动自如分成上衣和下衣，衣料多为动物的毛皮和皮革，后来才出现了粗糙的毛织物和亚麻织物。日耳曼人的窄衣文化又称为体形型结构，追求窄小紧身合体，包裹四肢，可以说是现代裁剪服装的源头。后来，经过与罗马人的接触和交流，服装上也明显受罗马文化影响，男子在丘尼克和长裤外披上了罗马式的萨古姆（Sagum），女子也沿用了罗马末期的达尔玛提卡服饰。

三、拜占庭时期主要服装式样

（一）达尔玛提卡（直筒连衣袍）

图 2-6 达尔玛提卡

达尔玛提卡（Dalmatica）是一种富有宗教色彩的服饰。其造型为连衣筒状，是没有性别区分的中性服装，构成单纯而朴素。达尔玛提卡是把布料裁成十字形，中间挖洞（领口），在袖下和体侧缝合的宽松的贯头衣，衣片前后从肩到下摆装饰两条红紫色条饰，如同罗马时代流行的"克拉比"（Clavi）。在罗马时代克拉比作为身份与地位的象征常用于贵族服饰上，达尔玛提卡在罗马市民中流行后，克拉比作为基督血的象征，不再有等级意义，纯粹成为一种带有宗教色彩的装饰，一般老百姓也可以随便使用。初期的达尔玛提卡用料一般为原始的毛、麻和棉织物，穿时不系腰带，宽敞是其特征。男用的衣长及膝，女用的多长及脚裸。4世纪以后，女子的达尔玛提卡袖口变宽，胸部多余的量被裁掉，渐渐能显出身体的自然形态。男子的达尔玛提卡袖子则明显变窄，向便于活

图 2-7 帕鲁达门托姆

动的方向转化。这是从裁剪方法上使衣服合体的第一步，也是向追求裁剪技法的中世纪服装迈进的先兆性举动，它暗示着衣服将脱离古代，进入一个新的发展时期。（图2-6）

（二）帕鲁达门托姆（斗篷式长袍）

帕鲁达门托姆（Paludamentum）是一种斗篷式长袍，又称"拜占庭斗篷"。是拜占庭时代最具代表性的外衣，被列为一种正式的庆典礼服。这种庆典礼服的颜色和服饰品的多少，根据穿用者的社会地位与等级的不同而有所区别，如紫色长袍只能由帝王和皇后享用。其造型沿用古罗马斗篷式大袍式样，用方形面料制成。最初用料多为羊毛，到拜占庭时代，作为皇帝及高级官员外衣，衣长变长，面料多改用丝织物，方形变成梯形。为了彰显权力与地位，在胸前缝有一块方形装饰布，类似我国明清时期"补子"的拜占庭帝国特有装饰物，上面常刺绣有金色纹样。（图2-7）

（三）罗鲁姆（装饰带披衣）

罗鲁姆（Lorum）是一种形式化的装饰条带披衣，是拜占庭时期比较典型的服饰样式。它是用宽为15—20厘米的长形布带做成，上面有华美的刺绣和珍珠宝石等贵重金属装饰，是由古罗马末期象征荣誉与权力的披肩式服饰演变而来。穿时把一端自右肩垂至脚前，剩余部分自后颈搭回左肩，再经胸前交叉至右腋下，用腰带固定后，再从右腋下拉回到左侧搭在左手腕上。此服装主要为拜占庭时期帝国皇帝和皇后以及大主教等上层人物穿用，通过服饰显示其高贵的身份和显赫地位。（图2-8）

图 2-8 罗鲁姆

图 2-9 霍兹

（四）霍兹（窄瘦裤子）

霍兹（Hose）是一种比较紧身的裤子，是拜占庭时期上层贵族男子服饰中比较典型的样式之一。在古罗马时代，裤子曾被上层社会视为东方野蛮民族的着装风习，当时的贵族特别是统治阶级拒绝穿用。但是，后来受东方服饰文化的影响，拜占庭帝国不仅接受了这种服饰文化，就连皇帝都穿上了裤子。当时的裤子有比较紧身和宽松两种造型，其共同点是都具有丰富的抽象几何纹样装饰，更加符合拜占庭时期人们的审美标准。（图2-9）

四、拜占庭时期主要服饰

（一）发型与帽饰

拜占庭时期男子盛行留短发，女子则
原封不动地继承了罗马帝国末期女子发型，
偶尔用绑带把头发束扎起来。这个时期男
女基本都不流行戴帽子，只有王室、教廷
人员和农夫例外。皇帝所戴王冠和教主所
戴帽子多装饰宝石、珍珠与金质饰带，而
农夫多戴宽边草帽和无檐便帽。（图2-10）

图2-10 发型与帽饰

（二）化妆

中世纪前期的欧洲都不怎么注重妆饰，故而有"无妆时代"之称，即使地处近东
崇尚奢华的拜占庭人也受到基督教义的束缚，在化妆问题上也是采用谨小慎微的态度。
但在使用香水方面却十分流行，在康斯坦丁堡，香水师和其他工艺师一样，享有很高
的社会地位。生产香水、肥皂和蜡烛，养蚕、制革等，都是拜占庭社会重要的贸易活动。
拜占庭人还发明了彩色玻璃，将彩色玻璃制作成各种小镜子，但这些小镜子的装饰作
用远远大于其实用功能。

（三）贝尔（面纱）

贝尔（Veil）是一种用轻薄的丝织面料制作的面纱，包在或披在头上，用于缓和
达尔玛提卡的造型单纯、朴素的僵硬风貌而使用的一块长方形的布。其大小种类繁多，
用料广泛，色彩丰富，一般都是无花纹的素色织物或有条饰的织物，也有混织金线的
豪华织物，还有的在织物边缘做上流苏装饰。新娘子用的面纱，罗马末期使用深橘色，
基督教时代规定用紫色或白色。（图2-11）

图2-11 贝尔

图 2-12 服饰品

（四）服饰品

面料华贵、色彩艳丽的服饰品是拜占庭时期独特文化的重要组成部分。从意大利拉韦纳的圣维塔列教堂壁画中可以看出，身穿盛装皇后所戴的王冠、耳环、项链、装饰针以及衣服的下摆与鞋面等处都镶嵌着各种珍珠、宝石。拜占庭时期受东方阿拉伯文化影响，珐琅制作技术以及金银首饰加工技术非常发达。（图 2-12）

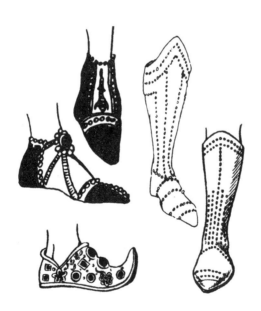

（五）鞋履

拜占庭时期的鞋履制作明显受东方服饰文化影响，男子一般多穿长及腿肚子的长筒靴，紧身的裤子常常塞进长筒靴里。贵族女子和上层阶级则穿着颜色鲜艳、镶嵌着宝石和装饰珍珠绣金线的浅口鞋。（图 2-13）

图 2-13 鞋履

第二节 中世纪西欧服装 (11—15世纪)

一、中世纪西欧社会文化背景

中世纪的西欧经济文化发展较为迅速，经历了欧洲历史上两个国际性时代：一是11—12世纪的"罗马式时代"，二是13—15世纪的"哥特式时代"。

"罗马式"是指一种艺术风格，不同于罗马风格，是基于罗马、拜占庭和叙利亚的影响而形成的南北方与东西方文化混合的新文化风格，表现在绘画、雕塑、建筑、音乐、文学及服装等领域。在建筑方面表现犹为突出：半圆形拱顶和十字形交叉拱顶，厚实墙壁，狭小窗户，到处都装饰着圣像和寓意人物雕塑，造型抽象，超自然，形成一种宏伟、超世的神秘感觉。12世纪中叶以后被哥特式风格所取代。（图2-14）

"哥特式"由"罗马式"发展而来，代表了中世纪基督教文化的最高水平，源于建筑技术的发明，用交叉拱建造教堂拱顶的方法，使屋顶伸长成了尖状。这种建筑的垂直形式可以看作是从地球上升入天国的象征，使视觉上产生飞腾的效果。在形式上，它们复杂而精致，外观虽然刻板，细微处却丰富多彩。哥特式建筑的典型特色是尖的拱门，有棱筋的穹隆、飞梁（倾斜的拱壁），另一特点是大型彩色玻璃窗。高耸的矢状

图 2-14 哥特式建筑艺术

图 2-15 哥特式建筑中的彩色玻璃

尖塔，拔地而起的立柱，使得整个教堂显得轻盈挺拔；墙壁由彩色玻璃构成，像红、绿宝石一样闪耀着光辉，花饰窗格上金光闪烁，一扫以往的俗气和无聊。哥特式的雕刻都附属于建筑，特别是教堂的建筑，其人物造型纤瘦修长是受拜占庭的影响。雕像从压抑的感情转为温暖和平气氛。哥特式雕塑都是着色的，人物的脸和手是自然色，头发是金黄色。外衣色彩明丽，并饰以珠宝和环佩，壁炉边也都镶上宝石般的彩色玻璃。（图 2-15）

11 世纪末期，为了夺回被伊斯兰教徒占领的基督教圣地耶路撒冷，教皇乌尔班二世提出十字军东征，罗马天主教会和西欧封建主在宗教的掩饰下，向地中海东岸各国发动了 9 次历时近两个世纪之久的侵略战争。它破坏了西亚和东罗马社会的生产和文化，但另一方面也打开了东西方文化交流的大门，东方珍宝、华丽衣服和布匹被十字军带回欧洲，东方服饰的魅力征服和影响了西欧人，模仿东方封建主的豪奢生活成了西欧封建主阶层的新风尚。

十字军东征以后，随着东西方贸易的加强，欧洲在大量进口东方的丝织物及其他奢侈品的同时，自己的手工业也得到了发展，12、13 世纪手工业开始与农业分离，并且成立了各种行会。工种被细分化，如服饰业就被细分为裁剪、缝制，大量出现了做裘皮、滚边、刺绣、做皮带扣、做首饰、染色、鞣制皮革、制鞋、做手套及做发型等许多工种和专业性独立的作坊。特别是纺织技术和染色技术的发展，使当时的衣料大为改观。13 世纪以来，法国的许多地区的毛织物产业发达起来，这些都促进了生产力的发展，物质文明的进展使原来处于低文化状态的日耳曼人的生活及文化水准得以提高。这一时期的服装更加豪华多彩，新兴贵族的宫廷生活产生和形成的服装潮流表现出哥特式时代独特的服装文化特征。

二、中世纪西欧主要服装特点

中世纪的西欧服装文化既继承了古罗马和拜占庭的宽衣、斗篷、风帽和面纱，宗教服、礼仪服则原封不动地承袭了拜占庭样式，同时又保留日耳曼系腰带的丘尼克和长裤等紧身的窄衣样式。在罗马式时代和哥特式时代早期，服装依然是男女同型，除男子穿裤子外，几乎没有明显的性别差异。其中具有代表性的品种有内衣（Chainse，音译为鲜兹）、外衣（Bliaud，音译为布里奥）、披风（Mantel，音译为曼特）。

到 13 世纪，出现了专业裁缝和立体化的裁剪手段，服装上首次出现和使用了省道（Darts，音译为"达次"）结构，使包裹人体的衣服由过去的二维空间构成向三维空间构成方向发展。这是服装结构发生最明显变化的时代，无论从纵向（古代到近代）还是从横向（东方和西方）都可称为服装构成上的分水岭。省道改变了只从两侧收腰时出现的不太合体的难看的横褶，生动地把躯干部分的自然形表现出来，优美的人体（特别是女体）曲线美由此诞生。此时的人们更加注重内衣外衣以及不同款式服装之间的搭配，罗马式时代的布里奥逐渐被新式的外衣"科特"（Coat）取代，内衣也改称"修米兹"（Chemise）。希克拉斯（Cyclas）也是当时流行的一种男女无袖宽松筒形外套。

13世纪的服装总的特点是尽可能把肌肤包藏起来，有时连脖颈、下颌也不能外露，需用颈布包缠起来。但到了14世纪服装就开始朝着大胆地裸露肉体方向发展。领口开得很大，袒露着肩和胸部。男女服装外形开始分化。男子服装由短上衣和紧身裤组合，形成上重下轻的视觉效果。女子上衣开始使用紧身胸衣，下穿宽大拖裾长裙，形成上轻下重的视觉效果。这种倾向的出现，一方面是由于13世纪出现的新式裁剪法使人们用自己的体型来表现服装的美成为可能；另一方面，也显示着时代风尚向奢华方面发展的趋势，宗教色彩逐渐从服装上退位，人性复归的潮流乍现。14世纪最具有代表性的外衣是科塔尔迪（Cotrhardi，法语为"新奇的衣服"）和萨科特。

14世纪中叶，出现了普尔波万与肖斯组合的分体式形式，使男服与女服在穿着形式上分离，衣服的性别区分在造型上明确下来。

15世纪进入哥特式后期，衣服的种类增加，代表性的服装样式当属一种叫做吾普朗多（Houppelonde）的装饰性外衣。

图2-16 分体式服装

三、中世纪西欧主要服装式样

（一）分体式外衣

分体式外衣又称"二部式外衣"。主要是日耳曼人穿着的服装。由于日耳曼人地处北方严寒地区，为生存实用服装自然形成封闭式造型，其款式窄瘦紧身，四肢分别包装。为了活动方便，服装分成上衣和下衣分体式结构造型，而且服装需要裁剪技术合体缝制完成。服装的面料多为厚重的动物皮毛和皮革，后来才出现了粗糙的毛织物和亚麻织物。根据发掘资料整理复原图，推定公元前3世纪前后的衣服，女子上身穿短小紧身的丘尼克，筒袖、袖长及肘部，裙子为筒形，用带穗的带子系扎固定，带子上装饰着用青铜或金做的饰针，据说这种饰针是妇女们用来护身的武器。男子上身穿无袖的皮制丘尼克，下穿长裤，膝下扎绑腿。（图2-16）

图2-17 鲜兹（内衣）

（二）鲜兹（内衣）

鲜兹（Chainse）是罗马式时代一种白色亚麻织物的内衣，其造型修长，领口多以数排丈绳或金银线滚边作缘饰，衣长及地。袖子紧身窄瘦，袖口一般都装饰精美的刺绣图案和饰带。（图2-17）

图 2-18 布里奥　　　　　　　　　　　　　　图 2-19 科尔萨基　　　　　　图 2-20 中世纪曼特

（三）布里奥（外衣）

布里奥（Bliaud）是罗马式时代的一种特有的外衣，从达尔玛提卡演变而来，其服装造型是长筒形丘尼克式衣服。用料有丝织物和毛织物，领口、袖口和下摆都有豪华滚边或刺绣缘饰，可以看出受拜占庭文化的明显影响。一般情况下，男子的布里奥比鲜兹短，长及膝或腿肚子；女子的布里奥长于男服，盖住脚面，袖子变化最多，成为这一时期服装上最为特色和精彩的部分。袖口宽大呈喇叭状，极端的袖子袖口宽得拖到地，有的还在袖子中间打个结，形成一种独特的装饰。（图 2-18）

（四）科尔萨基（紧身背心）

科尔萨基（Corsage）是一种女子为了御寒在布里奥外穿用的紧身背心一样的胴衣。领口滚边，背后开口，穿时用绳或细带系合，上层社会的贵夫人还常在上面缀以宝石，有的科尔萨基下面还连着碎褶裙。中间系一腰带，上面垂挂一个用丝绸或皮革制作的小口袋，里面装有零钱、食物，此习惯可能与当时基督教盛行，便于向穷人施舍有关。（图 2-19）

（五）中世纪曼特（无袖披风）

中世纪的曼特（Mantel），是一种无袖的卷缠状或披肩状的长披风，是男女皆用的外出服，其有圆形、长方形以及椭圆形等形状，上面还常带有风帽。一般在胸前或肩上用纽扣或丝带固定，也有套头式的。面料常用羊毛织物、锦缎等丝织物，喜欢用金银线、彩色丝线做边缘装饰，披风的面料颜色与里子面料颜色时常为对比关系，走动时形成时隐时现的神秘效果。男子的曼特在 11 世纪以前衣长及膝，后来随着逐步的变化，曼特也变成长及脚踝并且有缘饰的豪华衣物，成为等级身份的标志之一。（图 2-20）

（六）希克拉斯（无袖宽松外套）

希克拉斯（Cyclas）是 13 世纪流行的一种男女穿着无袖宽松外套，因使用地中海的基克拉泽斯群岛产的豪华丝织物"希克拉斯"而得名。希克拉斯造型多种多样，其共同特征是前后衣片一样。未婚女子的希克拉斯最为华美，两侧一直到臀部位置都不缝合。希克拉斯分常服和礼服两种，礼服的衣长相当长，拖地，下摆处常装饰有流苏。（图 2-21）

图 2-21 希克拉斯

（七）科塔尔迪（长袖服装）

科塔尔迪（Cotrhardi，法语 Cotardie）是 14 世纪出现的外衣，起源于意大利，从腰到臀非常合体，在前中央或腋下用扣子固定或用绳系合，领口大得袒露双肩，臀围往下插入很多三角形布，裙长托地，袖子为紧身半袖，袖肘处垂饰着很长的别色布，叫"蒂佩特"。臀围线装饰的腰带是合体的上半身和宽敞的下半身的分界线。男子的科塔尔迪是紧身合体的丘尼克型衣服，衣长在臀围线上下，一般为前开，用扣子系合，袖口开得很大，可以及地。（图 2-22 ）

（八）萨科特（无袖长袍）

萨科特（Surcotouvert）是 14 世纪女服中流行的一种罩在科塔尔迪外面的无袖长袍，从修尔科发展而来，袖窿开得很深，前片比后片挖得更多。萨科特的面料常用鲜明的单色，里子用色、用料都与面料不同。设计和着装时，不仅要考虑表、里的色彩搭配问题，还要考虑科塔尔迪与萨科特的色彩调和关系。萨科特胸前装饰一排扣子，这排扣子常用金属或宝石制成，着装时，与里面科塔尔迪装饰腰带上的宝石装饰，与穿在科塔尔迪里面的科特那紧袖口上的扣子相互呼应。所以，人们普遍认为萨科特是这一时期追求服装综合美的典范。（图 2-23 ）

图 2-22 科塔尔迪　　图 2-23 萨科特

图 2-24 家徽长袍

图 2-25 家徽图案

（九）家徽长袍

　　家徽长袍又称纹章衣，是指中世纪后期装饰有自己家族图徽的服装。14 世纪，人们流行把自己家族的家徽图案装饰在衣服上来显示自己的身份和地位（图 2-24）。西方的家徽纹章最早出现在 13 世纪十字军东征的军装、军旗上，目的是快速识别分清敌我，便于作战、防止误伤自己人员，后来这种家徽图案就成了显示自己身份和所属家族的标志。家徽图案一般都在规定的盾形中表现，纹样题材多以动、植物为主，鹰和狮子最为常见，也有天体（日月星辰）和人物图案。已婚女子要把自己娘家和婆家的家徽分别装饰在衣服的左右两侧，地位高的一方装饰在左侧，子女一般继承使用父亲一方家族的家徽。（图 2-25）

（十）普尔波万（绗缝服装）

　　普尔波万（Pourpoint 为法语，原指"用布纳起来的、绗缝的衣服"）为一种上衣，其结构紧身，衣长到腰或臀部，对襟前面用扣子固定，胸部用羊毛或麻屑填充，腰部收细，袖子为紧身长袖，从肘部到袖口也用一排扣子固定。早期无领，后来出现立领。普尔波万在结构和工艺上有三大特点：绗缝、前开、多纽扣。所谓绗缝，是指在两层布中间夹上填充物后，用倒针法绗缝；前开指衣襟在前面对开，改变了中世纪套头式的服式，

图 2-26 普尔波万（绗缝服装）

穿脱方便；多纽扣是强调衣服的门襟与肘部至袖口处钉上了密密的纽扣，当时扣子已成为一种重要的装饰。贵族服装上的扣子多用贵金属和宝石制成，一件衣服中扣子的数量也多得惊人，前门襟最多达 38 粒，袖口处多达 20 粒。从此，扣子正式进入欧洲的历史。波尔普万从 14 世纪中期起，一直延续了三个多世纪，成为欧洲男子的主要上衣样式之一。（图 2-26）

图 2-27 肖斯

（十一）肖斯（紧身裤）

肖斯（Chausses）是中世纪后期出现的一种紧身裤，从中世纪初期男女皆穿的袜子演变而来。肖斯的两个裤腿分开时常采用左右不同颜色，一个裤腿为红色，一个裤腿为黑色，形似宫廷马戏中小丑所穿的裤子。在裤脚底处保持袜子的形状，脚底部采用皮革缝制，把脚包裹起来，类似现代的连裤袜。有的肖斯已进化为裤子形状，长及脚踝或脚踵，用料多以丝绸、细羊毛织物和细棉布等织物为主。这种似裤似袜的肖斯在上端用带子与厚重的"普尔波万"短上衣连接组合穿用。（图 2-27）

图 2-28 吾普朗多

（十二）吾普朗多（宽松连身外衣）

吾普朗多（Houppelonde）是一种装饰性外衣，哥特式后期服装的代表。造型特点是肩部合体，从肩下起宽松肥大，男衣长及膝，套头穿或前开襟，系腰带，下与肖斯组合；女衣长及地，套头穿，高腰身，裙子肥大。初期为立领，后期变为无领或翻领。袖子很大，袖口呈扇形，后变为窄袖。有锯齿形边饰，配色常左右不同色或从左肩到右下摆斜着分成两色。从整体造型上，女子的吾普朗多是一个高腰等边三角形，很稳定，但男子的较女子的稍偏低，可以说吾普朗多是历史上最后一件筒形衣服。然而，无论男女，吾普朗多最大特征是不显露体形，只注重衣服外表装饰，这就与同时期的科塔尔迪和普尔波万形成强烈的对比，即一方是对肉体的肯定，一方是对肉体的否定，反映出中世纪西欧人在神权统治下，在禁欲主义支配下被扭曲的矛盾心态。（图 2-28）

四、中世纪西欧主要服饰

（一）发型与头饰

西欧的日耳曼人则流行以长发为荣，短发为耻辱的习俗。男子头发长齐肩，女子把长发编成发辫垂在身后，也有用羊毛制成的假发，常喜欢把

图 2-29 中世纪发型与头饰

头发或假发染成红色，后来也受到了罗马文化的影响，开始接受和模仿东欧服饰文化。12世纪后半叶，女子出现明确的发型，即两条长长的发辫，一般都长垂至胸前，也有的垂至膝。罗马式时代初期，男子留长发，后来曾一度剪短，但不久又流行长发，到12世纪末，贵族们又把长发剪短，并烫成卷，用缎带系扎起来。（图2-29）

（二）汉宁（圆锥高帽）

汉宁（Henin）是一种圆锥形的高帽子，为哥特式后期最典型贵族女性的帽饰，其帽用硬衬做骨架，用布做内芯，外面用华丽的锦缎丝绸装裱，帽口装饰有天鹅绒面料，帽顶装饰"贝尔"透明纱巾，自然下垂到肩部，长者可下垂至地面。帽子的高度以社会地位和身份高低来决定，身份地位越高，帽子高度就越高，最高可达120厘米以上。据说法国伊莎贝拉王后因戴汉宁帽出入宫门不便，而下令改造宫门。（图2-30）

（三）夏普仑（后垂长软帽）

夏普仑（Chaperon）是中世纪哥特式后期男女流行戴用的一种后垂长软帽，它是根据当时的学者和宗教人士的风帽样式借鉴而来。其帽顶造型呈细管形状，可以披在肩上或垂于脑后，也可缠绕在头上。帽子长度短者可到臀部，长者可下垂到地面。（图2-31）

图 2-30 汉宁

图 2-31 夏普仑

（四）艾斯科菲恩（蝴蝶帽）

艾斯科菲恩（Escoffion）是哥特式时代，除汉宁（圆锥高帽）和夏普仑（后垂长形帽）以外，最具特色的一种造型类似蝴蝶的帽子，也是哥特式时代最为奢华的女帽。其帽是在头上横向张开的两个发结上罩个网子，在这个网外面套上金属丝折成的骨架，再在这个骨架上披薄纱。艾斯科菲恩的造型种类很多，除了蝴蝶形以外，还有"U"字形等。（图2-32）

图2-32 艾斯科菲恩（蝴蝶帽）

（五）波兰那（尖头鞋）

中世纪后期鞋子开始出现尖头样式，到哥特式时期开始流行。最具代表性的就是波兰那（Poulaine），它是一种男鞋，鞋很窄，紧紧捆着脚。材料为柔软的皮革，鞋尖部分用鲸须和其他填充物支撑。因过长，妨碍行走，所以当时流行把鞋尖向上弯曲，用金属链把鞋尖拴回到膝下或脚踝处。据文献记载，14世纪末达到高峰，鞋尖最长可达1米左右，而且鞋尖的长短依身份高低来定，王室贵族的可长至脚长的2.5倍，高级贵族的可长至脚长的2倍，骑士则为1.5倍，有钱商人的为1倍，庶民的只能长至脚长的一半。（图2-33）

（六）服饰品

12世纪前后，无论男女、贫富贵贱都流行在腰带上垂挂一个叫做奥摩尼埃尔（Aumoniere）的用丝绸或皮革制作的钱包，包内装有零钱、食物等。这可能与当时基督教的普及有关，为了方便向穷人施舍而形成的一种装束。时髦男女还把鞘刀、钥匙、小镜子之类物件随身携带。起初为实用，后演变成为一种纯粹的装饰。到了14、15世纪，法国男女盛行在脖子或皮带上垂挂各种造型的小银铃。女子还流行戴无指手套，法国有几个小镇专门制作这种手套，其中以紫罗兰香水手套最为时髦。（图2-34）

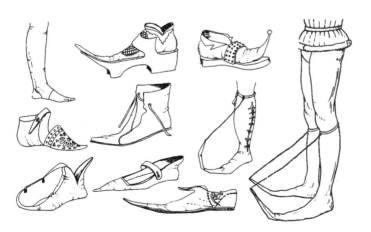

图2-33 波兰那

图2-34 奥摩尼埃尔

第三节 中世纪服装小结

综上所述，从 5 世纪到 15 世纪这段 1000 多年历史的服装文化，是多种文化不断碰撞、不断对抗与融合而逐渐形成的，服装经历了从简单到复杂、从质朴到奢华的大变迁，大大提高了服装的装饰性与机能性。

在这一历史时期，宗教对人的精神思想影响巨大，基督教几乎成为整个欧洲人的精神支柱，服装与服饰也表现出了浓厚的宗教色彩。东罗马造就了辉煌的拜占庭文化，服装面料色彩华丽，图案装饰精美。但服装造型显得有些呆板、僵硬。然而东罗马繁荣的同时，西罗马却经历着日耳曼人入侵的黑暗时期。到公元 11 世纪的时候，日耳曼人在长期接触罗马文化及拜占庭文化过程中，逐渐吸收其营养，再加上基督教的普及所产生的宗教精神之影响而形成的南北方与东西方文化混合的新文化，开创了历史上的罗马式时代。1075 至 1125 年间，罗马式达到高潮，12 世纪中叶以后被哥特式取代。

哥特式时期创造了划时代意义的立体三维窄衣构成基型，第一次将"省"的概念在服装上使用，塑造了具有人体特征的服装，将人体的线条美塑造得淋漓尽致。具有代表意义的服装主要有装饰家徽图案服装、绗缝的衣服"普尔波万"、紧身似袜的长裤"肖斯"、追求高度的圆锥形高帽"汉宁"、根据级别定长度的尖头鞋"波兰那"等。这些款式都从一定意义上代表了这一时代的典型特征和文化。

整个中世纪，意大利一直是欧洲服装发展的中心，法国和德国曾在 8 世纪至 10 世纪有过一段兴盛的时期，其次就是英国。10 世纪以后出现的罗马式和哥特式风格使得服装发展表现出最初的国际化倾向，各国争相模仿，成为后来世界性服装流行的先导。

思考题：

1. 中世纪宗教对服装造型与服装色彩有哪些影响。

2. 拜占庭时期的服装面料及图案纹样有何特点。

3. 名称解释"达尔玛提卡"。

4. 为什么说中世纪哥特式时期服装是古今服饰文化的转折点？

第三章

近世纪服装

在西方服装史上，近世纪一般是指从文艺复兴时期到路易王朝结束这一历史阶段，即从大约 1450 年到 1789 年这段时间内，政治、经济、文化等因素的不断变化使近世纪服装在内容和形式上都显得光彩夺目。从艺术风格上可分为三个阶段，即文艺复兴时期、巴洛克时期和洛可可时期。

文艺复兴（Rinascimento）是指从 14 世纪到 17 世纪期间发生的文化运动，是西欧资本主义出现萌芽、封建制度开始瓦解的时代。该时期的服饰文化是以新生资产阶级经济成长为背景，以欧洲诸国王权为中心发展起来的服饰文化，其特点是把衣服分成若干个部件，各部件独立构成，然后组装在一起形成明确的外形。因此，在构成上与中世纪截然不同，显示出鲜明的建筑一样的构筑性和铸型似的硬直性特征。

到了 17 世纪，巴洛克（Baroque）样式开始盛行，在艺术风格上一定程度地发扬了实用主义，克服了 16 世纪后期流行的样式主义的消极倾向，表现得更加豪华、气势磅礴与绚丽多彩。该时期的服饰文化与文艺复兴时期的大文化环境相对应，在服装样式上把众多部件完整地连接在一起，形成一种流动的、统一的基调，部件与部件间的界线消失了，整体感增强了，表现出强有力的、跃动的外形特色。

而 18 世纪初的洛可可（Rococo）时期，在服装风格上将巴洛克那种男性的力度转而被女性的纤细和柔美所取代，追求一种轻盈细腻的优雅美，在富丽堂皇的、甜美的波旁王朝贵族趣味中，窄衣文化在服饰的人工美方面达到登峰造极的地步。

近世纪的服装在形式上取代了上下连体的袍服，以上衣下裤或上衣下裙的组合为主要形式。这个时期的人们为了追求精神上的释放，在服装造型上过分强调性别美，男子通过雄大的上半身和紧贴肉体的下半身之对比来表现男子的性感特征；女子则通过上半身胸口的袒露和紧身胸衣的使用与下半身膨大的裙子形成对比，表现出胸、腰、臀三位一体的女性特有的性感特征。这种两性绝对的对立形态是自哥特式以来，西方窄衣文化发展的重大成果，不仅有别于古代服装，而且也与东方服装造型形成鲜明的对比。

第一节 文艺复兴时期服装（1450—1620 年）

一、文艺复兴时期社会文化背景

14 世纪，位于近东的拜占庭帝国行将没落，而此时的意大利资本主义经济发展很快，吸引了很多拜占庭学者携带手稿及希腊的艺术珍品来到意大利。他们开办学校，讲授古希腊哲学、历史和文学，掀起了一股研究古典文学的热潮。新兴资产阶级知识分子则以研究古典文化为借口，在思想上跟封建主义和天主教神学展开了激烈的斗争，这就是历史上著名的"文艺复兴运动"。文艺复兴开始于 14 世纪的意大利佛罗伦萨，涉及从中世纪后期到近世纪前期之间所经历的 300 多年时间。这一文化运动于 15 世纪后半期席卷整个欧洲，16 世纪达到高潮。在这个时期，原封建社会阴郁、沉闷、保守、严格的艺术风格，转变成构图富于变化、色彩呈现鲜明、线条自由奔放的新艺术风潮。（图 3-1）

文艺复兴一词的原意是"再生"，即古希腊、古罗马文化的再生、复活，但实际上包含着远为丰富的内容。人文主义的兴起，对宗教哲学和僧侣主义的否定，艺术风格的革新，放眼文学的产生等，与其说是"古典文化的再生"，不如说是"近代文化的开端"；与其说是"复兴"，不如说是"创新"。文艺复兴使人性得到解放，人文主义世界观得到尊重，艺术、文化的所有方面都有一个新的突破和发展，出现了但丁、彼特拉克、薄伽丘、达·芬奇、米开朗基罗、拉斐尔等许多文化与艺术巨匠，诞生了许多传世不

图 3-1 文艺复兴时期建筑

朽的世界名作。这些作品充分表现人性，肯定人的价值与尊严，尊重知识，崇尚理性，反对教会的禁欲主义，使一切都从中世纪天上神的世界一跃进入地面人间现实生活中来，特别是意大利的佛罗伦萨、威尼斯、米兰、热那亚、卢卡等大城市商业发达，娱乐业繁荣，人们尽情享受人间的爱情，享受现实生活中的豪奢生活。

二、文艺复兴时期主要服装特点

由于文艺复兴时期服装经历了近两个世纪的发展变化，随着欧洲各国国力在不同时期的此消彼长，文艺复兴时期的服装文化表现出不同地域和时代特征。服饰文化一般分为三个时期，即意大利风时期（1450—1510年）、德意志风时期（1510—1550年）和西班牙风时期（1550—1620年）。

首先，是意大利风时期。意大利是文艺复兴的发源地，这里的服装与同期西欧各国完全不同，具有开放、明朗、优雅的风格，同时商业贸易和纺织生产十分发达，衣料中的织锦和金丝绒面料成为各国贵族们的新宠。为了解决因面料硬挺造成的服装常有碍运动和不易贴身的缺点，人们在织锦外衣的里边穿亚麻、棉织物等材料制成的内衣，并把关节处（肩部、肘部）留出缝隙，用绳或细带连接各个局部，使手臂能够运动自如。同时出现了可以拆卸的袖子，袖子从此开始独立剪裁，独立制作，一对袖子可与多套服装搭配使用。（图3-2）

图 3-2 可以拆卸的袖子

其次，是德意志风时期。德国是这一时期受意大利影响最早的国家，但经过宗教改革和农民战争，人文主义的影响削弱了，出现了德国本土的服装形式，德意志风时期的主要特色是斯拉修装饰，同时流行在紧身裤的外面套穿短裙裤，喜欢用裘皮材料作为衣领或服装缘边的装饰。

最后，是西班牙风时期。西班牙以掠夺殖民地财富而暴富，贵族们沉溺于高额的消费之中，追求极端的奇特造型和夸张的表现，因而忽视人的生理条件，专制地把服装变成表现怪异思想的工具。西班牙风格时期可谓文艺复兴时期服装的代言，西班牙服装的外观特征是威严、正统、沉着的单色，特别是黑色中洋溢着天主教的神秘主义和禁欲色彩。这一时期的服装缝制技术高超，最典型的就是拉夫领的流行，在衣服当中大量使用填充物，袖子也根据填充料的不同可分为：泡泡袖、羊腿袖、藕节袖等多种造型。为体现人体胸腰臀曲线美，这个时期开始流行紧身胸衣和使用撑裙。

文艺复兴时期的服装文化是以新生资产阶级经济成长为背景，以欧洲诸国王权为中心发展起来的，在整体面貌上强调横向线和厚重感，衣领普遍开得较低，面料和装饰用品更加华丽。男子服装在中世纪上下两段式的基础上更加强调上重下轻的感觉，整体呈 V 字形，女装为上半身多呈 V 字形，下半身为 A 字形，整体呈 X 型。形成了男子上重下轻，女子上轻下重的对立格局，这种截然不同的两性造型一直影响西方服装近 500 年。

图 3-3 普尔波万（紧身上衣）

图 3-4 肖斯（紧身袜裤）

三、文艺复兴时期主要服装式样

（一）普尔波万（紧身上衣）

文艺复兴时期，男子继续使用哥特后期的"普尔波万"，就是紧身上衣。其衣长到臀底，腰部系带，领子有圆领、鸡心领和立领，后期受西班牙风格服饰影响，出现高立领。衣身逐渐向横向宽度发展，质地僵硬，非常有型，继续使用填充物突出宽阔的肩膀，以增添男性的阳刚之气。袖子可以自由拆换，一件衣服通常搭配二套袖子；有时也可以一套袖子和多件不同款式衣服搭配使用，装袖子时将细带系在袖孔上，露出里面的衬衣，形成这一时期独特的装饰效果。（图3-3）

（二）紧身袜裤

文艺复兴时期，上层社会男子仍然流行穿着中世纪后期出现的肖斯——紧身袜裤，匀称的腿形是男子刚毅的象征。因为紧身袜裤造价昂贵，并未被广大百姓所接受，只是有钱的贵族才能穿着。一位追求时髦的男子，其服饰的奢侈往往体现在紧身裤的选择上。从紧身裤的腰部到膝关节以上，有一定的填充物，其工艺裁剪都比较合体完善，有较高的技术含量。16世纪中叶，紧身裤的造型已经发展成多种款式，但填充物主要集中在腰部。（图3-4）

（三）布里彻斯（膨松短裤）

布里彻斯（Breeches）是在德意志风时期流行的一种膨松短裤，这也是上层贵族喜爱的一种服饰。因其与骑装大衣配套，又称"马裤"，俗称"半截子裤"。一般穿在肖斯（紧身袜裤）的外面。膨松短裤主要有两种造型：一种造型肥大，呈南瓜状，其长度一般只盖住臀部，表面用异色瓜瓣形凹凸条纹相间；另一种是紧身的半长裤，在前裤裆处有一块楔形布遮挡。（图3-5）

（四）科多佩斯（股袋）

科多佩斯（Codpiece）是文艺复兴时期男子半截裤前裆部位的一块楔形遮阴布，其主要功能是遮挡男子的生殖器，后发展成一种挂在两腿之间的袋状装饰物，上面有刺绣纹样、镶嵌珍珠宝石，有的则采用"斯拉修"裂口装饰

图 3-5 布里彻斯（膨松短裤）　　图 3-6 科多佩斯（股袋）

露出里面的白色衬裤。里面使用填充物使其外观增大，特别强调和渲染其性特征部位，以炫耀男性的威武雄大。同时也与当时欧洲出现黑死病，人口锐减五分之二而鼓励生育、增加人口的理念有关。科多佩斯最早起源于德国，后流行于欧洲各国，是文艺复兴时期男子服装上的一种特殊装饰物。（图3-6）

（五）斯拉修装饰（裂口装饰）

斯拉修（Slash）是指流行于15—17世纪衣服上的裂口装饰，最早来自参加战争的雇佣兵军服上，也称为"佣兵"样式。1477年，瑞士佣兵为了获得更多的行动自由，最先在自己紧身上衣的手臂和肘关节处划开口子，模仿战争中被敌人刀砍的痕迹而炫耀自己的资本，这一现象先在瑞士后在德国发展和流行起来，在短短几年内迅速传遍欧洲各国。公爵贵族也开始在自己衣服上划口子，最多可达八百多道口子，于是人们追随上层流行，不仅在上衣的胸部和袖子上有开口，极盛时期连裤子、帽子、手套、鞋靴等到处都有这种"斯拉修"装饰，有横方向的、竖方向的，还有斜方向的，满身的裂口错落有致地形成独特的纹样。"斯拉修"装饰不仅从裂口处显露里面的异色里子和白色内衣，而且在裂口两端还缀有各色宝石、珍珠装饰，成为文艺复兴时期男女服装上很具时代特色的一种装饰。（图3-7）

图 3-7 斯拉修装饰服装

（六）罗布（连体式长袍）

罗布（Robe）为连体式长袍，是意大利风格时期出现的、在腰部有接缝的、类似连衣裙的女袍。上衣和下裙分裁后在腰部缝合，其主要款式特征是领口开得很大，呈方口形或V字形，也有一字形，高腰身，衣长及地，袖子有紧身筒袖和一段一段抽扎起来像莲藕似的袖子，在肘部、上臂部、前臂部有许多斯拉修裂口装饰。裁剪上的上下分离，显示出把整件衣服分成若干个部分构成的基本构想，为后来女服外形变化在裁剪技术上奠定了基础。（图3-8）

图 3-8 罗布（连体式长袍）

（七）曼特（女子外衣）

曼特（Mantel）是文艺复兴时期女子的一种外衣，其外衣表面有华丽的刺绣装饰，色彩鲜艳明快，款式造型采用高腰身，衣长到地面。袖子与男装一样，没有实际的使用功能，只是垂披在身上起装饰作用，而且这种袖子是系在外衣袖窿上的，可以随时拆卸和更换。其领口开得比较低和宽大，与膨大厚重的下裙相呼应，使女子服装整体造型形成上轻下重的感觉。（图3-9）

图 3-9 曼特（女子外衣）

图 3-10 填充物服装

（八）填充物服装

使用填充物是文艺复兴时期服装一大特点，也是西班牙风时期男子服装的主要标志。在上衣的肩部、胸部和下装长短裤子以及腹部都用填充物垫起。这种造型突出男子的上身宽阔，下身挺拔。填充物装饰除肩胸部以外，同时主要用于袖子上，这个时期的袖子可以摘卸，并可以随意搭配使用。据文字记载，这一时期还时兴用袖子作礼品赠送朋友，见图 3-10，最典型的袖子造型有三种，详见表 3-1。

袖型	音译名称	特点
泡泡袖（Puff Sleeve）	帕夫·斯里布	在上衣袖山头上用填充物使之膨大起来，上臂和前臂合体
羊腿袖（Gigot Sleeve）	基哥·斯里布	袖根肥大，用填充物使之膨起，从袖根到袖口逐渐变细，其形状酷似羊的后腿，故得名
藕节袖（Virage Sleeve）	比拉哥·斯里布	袖子造型如莲藕状

表 3-1 文艺复兴时期典型袖型

（九）拉夫领（磨盘式褶皱领）

拉夫领（Ruff）是一种类似磨盘状的褶饰花边领，所以又称为磨盘领、褶皱领。流行于 16 至 17 世纪初，是文艺复兴时期独具特色的服饰部件。它呈磨盘状造型，周边是 ∞ 字形连续的褶裥，外口边缘处用花边和雕绣为饰。拉夫工艺制作十分复杂，技术难度较大，需要专业人员用特制的工具才能完成其造型。当时制作拉夫的技术是保密的，要学会此项技术，还需付出昂贵的代价。一个拉夫领需用 3—4 米亚麻布或细棉布，经过上浆硬化处理、熨烫成连续皱褶，圈成轮状后用线固定，并用细金属丝支撑起来，以保持不变形。也可以脱离上衣，单独生产。由于拉夫领饰过于宽大，套在颈部后不利于头部活动，迫使人们表现出一种高傲尊大的姿态，这点与文艺复兴思想中肯定人的尊严的观点相吻合。其形式主要有三种：一种是早期的封口式盘状拉夫，戴上拉夫后，人体头部的活动受到限制，据说吃饭时出现了使用特制的长勺喂食的现象；二是中期流行的敞口式拉夫，这是为了方便饮食对拉夫进行的改进设计；三是后期流行的披肩式拉夫，其功能性越来越强。此领装饰的服装主要用于上层贵族重要礼仪场合穿着。（图 3-11）

图 3-11 拉夫（磨盘式褶皱领）

（十）伊丽莎白领（蕾丝领）

伊丽莎白领是以英国女王伊丽莎白所穿服饰的一种领子而得名。当欧洲各国贵族们在正式场合盛行拉夫领饰时，在伊丽莎白一世和詹姆斯一世时期，英国还流行一种"伊丽莎白领"，这种领饰不是采用圆盘式造型，而是从前边打开，后颈处为高耸的折扇打开形状，多用亚麻布制作，高耸的扇面上使用了金属丝做支撑，以达到衬托五官和头型的视觉效果。（图3-12）

（十一）法勤盖尔（裙撑）

法勤盖尔（Farthingale）是一种呈吊钟形或圆锥状的裙撑，最早始创于16世纪后半叶的西班牙风时代，其裙撑在亚麻布上缝进好几段鲸鱼须做的轮骨，有时也用藤条、棕榈或金属丝做轮骨。它将人的下半身尽量的膨大化，使上下形体形成强烈对比，完成了女性理想形体的整体造型。（图3-13）

西班牙人创造的这种裙撑，很快传遍整个欧洲。法国和英国的贵族女子竞相模仿，裙撑从此成了当时女子不可缺少的整形用内衣。比西班牙式裙撑晚二十年左右，法国人又创造了另外一种裙撑，这是用马尾织物做成的像轮胎一样的东西，里面塞有填充物，用铁丝定型，这种裙撑在法国称为奥斯·克尤（Hausse Cul）。其优点是除腰围部分以环形垫圈固定外，其余裙身部位不影响下肢活动，甚至不影响骑马兜风。英国人使用的裙撑改进了法国式的裙撑，向四周平伸得更大，而且外沿的轮廓更加清晰，如伊丽莎白一世肖像中看到的裙子造型即这种裙撑，罩在这种裙撑外面的裙子，在腰臀部出现两层，上面一层自腰部向四周放射状地捏很多规则的褶饰。（图3-14）

（十二）巴斯克依奴（紧身胸衣）

巴斯克依奴（Basquine）为一种嵌有鲸鱼骨的无袖紧身胸衣，是这一时期女装造

图3-12 伊丽莎白领（蕾丝领）

图3-13 法勤盖尔（裙撑）

图3-14 伊丽莎白一世肖像中的裙子

图 3-15 巴斯克依奴   图 3-16 铁制紧身胸衣

型的主要特色。从 16 世纪后半叶，一直到 20 世纪初，紧身胸衣一直都是塑造女性理想外形不可缺少的工具。紧身胸衣使女性腰部被紧紧勒住，而胸部却很突出，与强调丰臀的裙子越来越膨大化相对应，从此女性的细腰成为表现女性性感特征的重要因素。西班牙的时代女装率先使用束腰的紧身胸衣，1577 年前后出现了用布做的软质紧身胸衣，称作"苛尔·佩凯"（Corps Pique），其特征是中间加薄衬来增加厚度，在前、后、侧面的主要部分嵌入鲸骨，以增加强度，前下端的尖端则用硬木或金属做成，后面开口处用绳带收紧（图 3-15）。

　　这个时期人们为了追求人体的曲线美，女性的腰被紧身胸衣越勒越细，甚至出现铁制的紧身胸衣。据记载，法国国王亨利二世（1547—1559 年在位）的王妃卡特琳娜·德·美第奇（意大利佛罗伦萨美第奇家族的公主）的嫁妆中就有铁制的紧身胸衣，这位皇后第一个把原来做手术用的铁制胴衣拿来穿在衣服里面，这种铁甲似的紧身胸衣由前后、左右四片构成，前中央和两侧以合页连接，穿时在后背中心用螺栓紧固。也有以前后两片构成的，一侧装有合页，在另一侧用钩扣固定（图 3-16）。卡特琳娜认为最理想的腰围尺寸应是 13 英寸（约 33 厘米），据说她的腰围是 40 厘米，而她的表妹玛丽·斯图亚特的腰围只有 37 厘米。随着她们对这种束腰活动习以为常，紧身胸衣会越扎越紧，经过几年努力，尽管身体其他部分都发育正常，而腰部却像蜜蜂一样。

　　紧身胸衣在满足人们的视觉美的同时，也给女性肉体带来了极大的危害。长期穿用紧身胸衣的女性，自第五根肋骨起，下边的肋骨严重地折向内方。胸廓下部与正常躯干相比，被压缩了近三分之一。首先是肺部呼吸扩张作用受阻，引起肺病。其次，肝脏也被压向下方，胃、肾、肠等脏器都被迫下移，这些都造成严重的消化障碍。最后，把下半身的血液逆送入心脏的血管受到强烈压迫。于是人体的三大机能，呼吸、消化和血液循环都同时受阻，可导致二十多种疾病。可见，人们为了追求曲线美，使紧身胸衣成为了一种缩短寿命又不卫生的毁损性装饰身体的用具。

（十三）垂袖女装

在文艺复兴后期，女子服装中流行一种垂饰袖子的造型款式，为了使外套的袖子和里面服装的袖子同时都能让人看见，外套的袖子从肩开始就打开，露出里子长垂至地面，在肘部固定一下，更增添复杂性。另外，像伊丽莎白女王所穿的巨大羊腿袖，里面塞满了填充物，弯曲困难，而且难以与衣身缝合，常常与衣身分离，需分别制作，每次穿时用细带连接。这就产生了更换袖子，用不同的袖子与衣身搭配以形成不同效果的风习。据文字记载，当时还流行用袖子作为礼品赠送好友的习俗。（图 3-17）

图 3-17 垂袖女装

四、文艺复兴时期主要服饰

（一）发型与头饰

文艺复兴时期男子流行短发，短须或剃须。女子流行烫卷发，梳圣母玛丽亚式的发型。同时使用假发，其材质多为丝绸或真人头发做成，并漂染成多种颜色，金色假发最受人欢迎，可把头发染成不同明度的金色，还可以把各种色彩混杂在一起。这个时期男女均流行戴无檐或窄檐的贝雷帽，帽子上装饰有各种珠宝和羽毛，女帽比男帽装饰多一些。男子常在大帽里面再戴一顶软帽，女子也常在头上戴头巾。与此同时，法国女子还流行戴天鹅绒帽子，前额上还绑着发带。各种头饰也同样装饰着华丽奢侈的刺绣和宝石。（图 3-18 ）

图 3-18 发型与头饰

（二）面罩

面罩是文艺复兴时期男女外出不可缺少的一种服饰配件，上层贵妇外出为了避免日光照射，把整个脸都遮住，狩猎、乘坐马车、散步或参加聚会以及进出剧院时都流行戴黑丝绒面罩。法国女子认为戴面罩不仅是一种时髦，同时还能保护皮肤。而男子戴面罩则主要为了掩饰自己的身份与表情。这种风习，一直持续到18 世纪，而且从上层阶级传到普通小市民阶层。

（三）乔品（高底鞋）

乔品（Chopin）是文艺复兴时期流行的一种高底鞋，又称厚底鞋。有点像现在的松糕鞋，是高跟鞋的前身。这个时期男女鞋由哥特式时期的尖头逐渐变为扁宽的方头，同时上面还有"斯拉修"装饰。由于裙子越来越宽敞肥大，为了与纵长在视觉上取得协调的比例感，同时富贵阶层也为凸显自己，都想增加高度，于是在威尼斯开始流行穿高底鞋。其鞋底为木制的，鞋面是皮革或漆皮，无后跟，鞋底的高度一般约为15—40 厘米，在最流行的时候鞋底的高度达 76 厘米（选自《百年靴鞋》，[英]安吉拉·帕蒂森和奈杰尔·考桑著）。

图 3-19 乔品（高底鞋）

高底鞋在中国清朝的皇宫，也是官宦名媛身份的标志；而在欧洲，高底鞋最初被用作鞋套为名媛淑女服务，而后来，厚底鞋渐渐成为了风靡之物，被设计得越来越精美。据说当时的贵夫人穿上高高的厚底鞋，一个个像踩高跷似的，如果没有侍女在旁搀扶是很难行走的。由于其高人一等的关系，意大利威尼斯人则更把它视为身份的象征。到16世纪后半叶，厚底鞋逐渐被高跟鞋所取代。（图3-19）

（四）香水

文艺复兴时期，由于卫生条件所限，女人不经常洗澡，只能靠喷洒香水来掩饰自己身体上的异味，于是香水使用量大大增加，并促使香水行业的蓬勃发展。香水用途十分广泛，男女均用，就连头发甚至自己的宠物身上都喷洒香水。1508年，在意大利佛罗伦萨建立了世界上第一个香水工厂。皇室贵族是它们的忠实顾客，并在后来多个世纪中，每一新任统治者都会为工厂提供一种新的香水配方。

（五）扇子

扇子是文艺复兴时期最典型的装饰品。自从西方探险家到达中国和新大陆后，将扇子带回欧洲，不久就成为名门贵妇不可缺少的饰品。根据文字记载，英国伊丽莎白女王当年就有31把扇子，其中许多扇子都镶嵌精致的宝石。扇子不仅在上层社会流行，同时也成为普通百姓日常生活中的必备品，女子出嫁必备的嫁妆之一就是扇子。在夏季，随身带把折扇既方便又实用，但扇子的装饰功能始终大于它的实际用途。（图3-20）

图 3-20 扇子

（六）手帕

手帕的材质多为亚麻和丝绸，在文艺复兴时期男女通用，主要功能就是装饰，上层人物有时仅将手绢喷上香水拿在手中，展示其精美的边饰。16世纪中叶，威尼斯盛行将手绢放在衣服的口袋里，露出一角，并成为欧洲皇室家族服装最为中意的一种装饰品。手帕在当时绝对是一种奢侈品，甚至连当时的法律都禁止贫民使用。统治者还颁布法令，规定如何使用手帕装点服饰。与此同时，太阳伞、手套（一般不戴，拿在手里，上面喷有香水）还有那装在小口袋中的小镜子等小道具都是不可缺少的。

第二节 巴洛克时期服装 （1620—1715 年）

一、巴洛克时期社会文化背景

17 世纪的欧洲进入一个重要的变革期。屡屡不断的内乱，连年不休的战争，祈求和平的妥协条约反反复复地缔结和撕毁，以德国为战场，几乎欧洲所有的国家都参加了的举世闻名的三十年战争（1618—1648 年）。这个动荡不安的年代，那些王公贵族们却过着穷奢极欲的生活，追求豪华，讲究排场成了表现权势的社会性、政治性需求，大兴土木，建造宫殿和花园，举办大型游园会、宴会，听音乐、观剧，赞助艺术创作，有权有势的男士们要么去玩弄权术，搞政治阴谋，要么去追求时髦的贵夫人，相当忙碌。在这样一个男性大显身手的时代，必然产生以男性为中心的强有力的艺术风格，它就是所谓的巴洛克风格。（图 3-21）

巴洛克（Baroque）一词源于葡萄牙语（Barroco），本意是有瑕疵的珍珠。17 世纪末叶以前，用于艺术批评，泛指各种不合常规的、稀奇古怪的、离经叛道的事物。到 18 世纪用作贬义，一般指违反自然规律和古典艺术标准的做法。直到 1888 年海因里希·韦耳夫林发表《文艺复兴与巴洛克》一书，才对巴洛克风格作了系统的表述，成为一种艺术风格的名称，也代表着西方艺术史上一个时代，其特点是气势雄伟，生气勃勃，有动态感，气氛紧张，注重光和光的效果，擅长表现各种强烈感情色彩和无穷感，颇有打破各种艺术界限的趋势。在音乐、雕刻、绘画与服饰上都以华美的色彩和众多的曲线增加世俗感和人情味，一反以前灰暗而死板的艺术风格，把关注的目光从人体移到人与自然的联系上。巴洛克艺术改变了文艺复兴时期的艺术形式和表现手法，很快形成 17 世纪的风尚。

巴洛克风格在服装史上常划分为两个时期，前期称为荷兰风格时期，后期称为法

图 3-21 巴洛克时期建筑

国风格时期。17 世纪初，独立后的荷兰，资本主义经济发展很快，在 17 世纪前半叶成为欧洲强国，取代西班牙掌握了服装流行的领导权；另一方面，从 16 世纪以来就打下稳固的政治、经济基础的法国波旁王朝，在 17 世纪后半叶，由于"太阳王"路易十四推行绝对主义的中央集权制和重商主义经济政策，使法国国力得以发展，并取代了荷兰，成为欧洲新的时装中心，从此，法国巴黎成为欧洲乃至世界时装不可取代的时尚中心，并一直延续至今。

二、巴洛克时期主要服装特点

巴洛克时期的服装具有虚华矫饰的风格，尤其在男装上极尽夸张雕琢之能事。在造型上强调曲线，装饰华丽繁琐，不乏男性的力度，而活泼奔放中也难免矫揉造作，其华丽的装饰纽扣、丝带和蝴蝶结以及花纹围绕的饰边，成为最显著的特点。

巴洛克前期（1620—1650 年）以荷兰风格为主，在整体上注重肥大松散的造型，服色以暗色调为主体，配白色花边和袖口，以求醒目。样式上废弃了文艺复兴时期的拉夫、填充物、紧身胸衣和裙撑，蕾丝作为装饰大量出现在领子、袖口和裤脚等处。男子服装采用无力的垂领，肥大短裤，衣领、袖口、上衣和裤子的缘边、帽子以及靴的内侧露出很多缎带和蕾丝花边。男子最为流行的服装就是骑士服，上身穿紧身上衣，下身穿宽松半截裤，脚蹬水桶型长筒靴，靴口很大，向外下翻，同样装饰蕾丝花边，头戴羽毛装饰的鲁宾帽。为追求骑士风度，贵族男士常常在右肩上斜挂着佩刀。此时男子喜欢留长发（Longlook）、服装上采用大量花边（Lace）和皮革（Leather）制品为特色，因此荷兰风格时期也被称为"3L"时代。

巴洛克后期（1650—1715 年）以法国宫廷风格为主，盛行欧洲。服装最大特点就是在衣服上大量使用缎带、蕾丝、刺绣进行装饰；其次是大花边领子和超多饰纽装饰。变化最多的当属男性服装，短上衣与裙裤组成套装，袖口露出衬衫，裤腰、下摆及其他连接处饰以缎带，在宽幅褶子的帽上装有羽毛。外套、马甲和半截裤组合而成的男子套装成为主流。巴洛克时期女装放弃了西班牙风时代用鲸鱼骨做裙撑，保留了可以增加髋部宽度的臀垫和紧身胸衣。此时的领口开得都比较大，沿着领口用布捏成柔和的碎褶装饰。在一种颜色不同的衬裙外面，套穿多条长裙，裙子大多在前面打褶裥，后面裙子卷起集中放在臀后，然后从这里垂下形成拖裙裾，体现出女性的纤细与优美。这种夸张臀部款式的裙子在服装历史上第一次出现，也是巴洛克时期女装的一大特色。

巴洛克时期盛行戴假发，特别是在法国，那种以黑色为主的长假发在头顶部位蓬松鬈曲，然后分为两翼垂至肩上和胸前，给人们留下深刻的印象特征。

图 3-22 拉巴领（披肩领）

三、巴洛克时期主要服装式样

（一）拉巴领（披肩领）

拉巴领（Rabat）又称"垂领"（Falling Band），因法王路易十三经常使用和钟爱这种领子，所以又叫"路易十三领"（Louis Xiii Collar）。又因佛兰德斯（古代尼德兰）画家凡·戴克在肖像中经常画这种领子，所以也叫"凡·戴克领"（Van Dyke Collar），是荷兰风时期服装主要的领饰。巴洛克初期服饰仍然保留大量文艺复兴后期服饰痕迹，但繁琐的拉夫领饰已被工艺较为简单的"拉巴领"所代替，这是一种披肩式带花边的方形领子。其造型是通过在领口收省道来完成的，领面与领子的边缘罩有蕾丝花边装饰，领子做好后缝在领口上或用带子系结在脖子上。到路易十四时代，披肩领的两侧演变成两条长方形的布，并在领前合上。衣服胸前装饰排扣，袖子上仍然有纵向的斯拉修裂口装饰，翻折的袖口同样装饰白色蕾丝花边。（图 3-22）

（二）达布里特（外衣）

巴洛克时期的外衣为达布里特（Doublet），在荷兰风时期变得很长，基本盖住臀部，肩部成为大溜肩，腰线上移并出现更多的收腰，腰带改为饰带，胸、背有少量的切口装饰，袖子一般为紧身式，袖口装饰蕾丝花边或露出衬衣作装饰。腰际线下面连接的下摆呈波浪状，称为佩普拉姆（Peplum），常常用几片拼接而成，看上去像是附加在衣服上的衣摆，又像是系在腰上的褶襞短裙。到了 17 世纪中叶，外衣极度短缩，衣长及腰或更短，但仍然具有原来外衣的基本特征，如小立领、前开、门襟上钉一排扣子、下摆处常接一窄条垂布等，此时的外衣袖子变成短袖或无袖，有袖的仍有切口装饰，无袖的上边常见自右肩斜向下挂着绶带表示身份。由于外衣变短，里面的内衣在各处显露，袖口装饰也很突出。17 世纪后半叶，外衣越来越短小而变得不够实用，于是被人们舍弃，退出了历史舞台，由此从服装史上消失。（图 3-23）

图 3-23 达布里特（外衣）

图 3-24 究斯特科尔（长外套）　　　　图 3-25 贝斯特（长坎肩）

（三）究斯特科尔（长外套）

究斯特科尔（Justaucorps），意为紧身合体的衣服，是从衣长到膝的长大衣军服卡扎克（Casaque）演变而来的，是 17 世纪男子典型的一种造型款式。其款式特点为衣长到膝关节，衣身宽松，前开身，收腰，下摆按照人体形态从臀部开始设计成自然垂落的造型，后背缝在底摆处开衩。口袋位置也很低，袖子也是越靠近袖口越大，用纽扣固定翻上的袖口，整个造型重心向下移。无领，前门襟点缀一排装饰性金属扣子或用金色线编织的金鞭子襻扣。虽然衣服上有许多纽扣，但着装时一般都不系扣，偶尔在腹部扣上一两个，这也许就是今天西服上的扣子一般不扣或只扣腹部的第一粒扣的缘由。扣子在这里纯粹是一种装饰，其材料也非常昂贵，有纯金、银、宝石、珍珠等。（图 3-24）

图 3-26 克尤罗特（半截裤）

（四）贝斯特（长坎肩）

贝斯特（Vest）为一种配套长坎肩，是与外衣配套而穿的一种内衣，常作为室内服和家庭服穿用。外出或出席正式场合时，在外面穿究斯特科尔，里面则穿贝斯特坎肩。其款式特征为收腰，后背破缝、衣身与外衣基本等长，前门襟与外衣门襟基本一样，装饰许多扣子。流行于 17 世纪后期到 18 世纪初期，后来从原来的长袖变成无袖的坎肩，改称作"基莱"（Gilet），衣长也逐渐变短，向现代西式坎肩方向发展，这种组合搭配穿着为后来西式男装的雏形打下了基础。（图 3-25）

（五）克尤罗特（半截裤）

克尤罗特（Culotte）是贵族男子穿的一种紧身合体的半截裤，其裤为细腿，裤长到膝关节，在膝上用吊袜带或缎带扎口，装饰有蝴蝶结。与上衣究斯特科尔和坎肩贝斯特构成现代三件套西服最早的组合形式，是现代西服的始祖。（图 3-26）

（六）朗葛拉布（裙裤）

在巴洛克时期，除流行半截裤"克尤罗特"外，同时还出现了以前所没有的一种长及腿肚的裙裤，称作"莱茵伯爵裤"，又译为朗葛拉布（Rhingrave），名称来自创造这种服装样式的人名。其外形类似现今女性的裙子，基本形制是宽松的半截裤，有的也做成裙子，腰部以下有碎褶，下身穿的长筒袜上有刺绣纹饰。（图3-27）

图3-27 朗葛拉布

（七）缎带服饰

缎带是巴洛克风格的一个最显著特征，指的是在外衣和裙裤之间的一排环状的丝带装饰。缎带源于原来穿过上衣腰线上的小洞，连接下面的克尤罗特的细带。外衣的衣长过短，这些缎带就失去了原来的功能，纯粹演变成了一种装饰。在裙裤左右侧缝处也有同样的缎带来装饰。法国自1599年以来，不断颁布奢侈禁令禁止使用像织金锦、蕾丝、金银缏、天鹅绒等高级织物，男女服装只允许使用缎带和单纯的丝绸，因此导致这个阶段缎带装饰的泛滥。这些丝绸不仅制成环状装饰在腰间，而且还制作蝴蝶结或环带装饰在这个时期流行的假发和宽檐的帽子上。1661年出现了按身份高低来决定使用缎带多少的规定，在服装上使用缎带装饰越多，其身份地位就越高。（图3-28）

（八）层叠裙

层叠裙是巴洛克时期女性主要的服装造型，层叠元素是巴洛克时期的一个重要特征，当时流行穿三层不同颜色的裙子，一般来说最里面的裙子明亮、鲜艳，中间一层颜色比较深，最外一层颜色比较柔和，面料以轻薄柔软绸缎制作为主。三层裙子由内向外重叠外露，营造出女性丰满、圆润的造型效果。长袍裙领口一般开得都比较低，领子与袖口处装饰大量蕾丝花边。这种多层重叠长袍裙充分体现穿着者的财富与地位，当时的女子外出时常喜欢把长袍裙最外一层提起来行走或打开前面露出里面多层内裙，以炫耀华美的衣料及其精美的装饰。（图3-29）

图3-28 缎带服饰　　　　　　　图3-29 层叠裙

图 3-30 臀垫

（九）臀垫

在法国，臀垫称为"克尤德克朗"（Cul de Crin），又称作"巴黎臀"（Cul de Paris），是一种用于裙子里面的衬垫物，最早产生于17世纪末，目的是使女性后臀部膨大突出，把绸缎的裙子卷起来集中放在后臀，然后从这里垂下来形成拖裙，或者把前面的裙子掀起，用缎带在两侧固定，露出里面美丽的衬裙。拖裙极端长度可达 5—10 米，步行时把拖裙拿起来搭在左臂上。这种夸张后臀的造型样式在世界历史上第一次出现。洛可可时期称为托尔纽尔（Tournure），后来这种造型被称为"巴斯尔样式"（Bustle Style）或"巴斯尔外形"（Bustle Silhouette），这种样式在 18 世纪末和 19 世纪末又曾经出现过两次。（图 3-30）

四、巴洛克时期主要服饰

（一）男子假发

巴洛克荷兰风时期，男子盛行披肩长发，到法国风时期，则盛行戴深色大波浪卷曲假发。当时假发是用来化妆或弥补头发不足的一种实用品，同时也是显示威严，用于装饰。假发早在古埃及时代就出现了，古希腊、古罗马时期均有使用，但纯粹作为装饰的假发，则是出现在巴洛克时期的法国。这个习俗传说来自秃顶的路易十三国王和秃头的玛戈皇后，接着路易十四国王又喜爱使用假发，于是法国宫廷男女都流行戴假发，不久这种风俗就流传至欧洲各国以及美洲新大陆。盛行时期还在假发上喷撒大量香水和金粉，欧洲各地的时尚贵族男子都纷纷到假发制作技术最好的法国购买假发，有人甚至为了佩戴假发而剃光真发。（图 3-31）

图 3-31 男子假发

（二）方坦基（女子高发髻）

在巴洛克时期，女子流行一种奇特的高发髻，称作"方坦基"（Fantange）。方坦基这个发髻的名称由来与法国路易十四国王的宠妃玛德莫埃哉尔·德·方坦基（Mademoiselle de Fantanges，1661—1681年）有关。据说在一次狩猎时，她用一条缎带把被风吹乱的头发扎起来，非常美，深受路易十四喜爱，因此引起人们的效仿。此名是在她死后1685年才流行起来的。其发髻形状有二十多种，为了强调高度，使用假发混合装饰，还把亚麻布做成波浪状的扇形竖在头上，也有用白色蕾丝和丝带用铁丝撑着竖在头上的。在后头部有一个帽顶，这些竖起来的蕾丝或丝带相当于帽檐，豪华的高发髻头饰上还装饰有宝石和珍珠，整个头饰的高度可达面部长度的1.5倍，这种发型一直流行到18世纪初。（图3-32）

（三）男子三角帽

1690年，正值巴洛克后期，职业男子开始流行戴一种帽檐向上翻卷的三角帽，其帽子造型为三角形，宽边并且装饰有金银纽扣、羽毛或丝带等，成为当时男子时装的另一装饰品，一直延续到洛可可后期，流行了近百年。法国大革命爆发后，三角帽逐渐演变成二角帽流行于军队上层军官中，后来普及于百姓男子。（图3-33）

（四）克拉巴特（领巾）

克拉巴特（Cravatted）是用薄棉布、亚麻布或薄丝绸制作而成的一种领巾。由于巴洛克时期服装的衣襟都是敞开的，所以脖子上的领巾装饰就显得格外重要。其主要样式有两种，初期的克拉巴特宽约30厘米，长约1米，后来增加到2米，边缘也装饰有蕾丝或刺绣。（图3-34）其系法是将领巾折成一定宽度绕在颈上，在前面打结后两端

图 3-32 方坦基（女子高发髻）

图 3-33 男子三角帽

图 3-34 克拉巴特（领巾）

图 3-35 暖手筒

自然下垂于胸前,是现在的领带的直接始祖。另一种是斯坦科克(Steinkerk),出现较晚。其系法是将领巾绕在颈上,长垂下来的两端松松地打几圈后塞进衬衣里或塞进外衣第六个扣眼里,或者用别针固定在衣服上。当时,如何系好这条带子是评价贵族男子高雅与否的标准之一,因此,许多贵族专门雇用从事此项工作的侍从。

（五）暖手筒

暖手筒是巴洛克时期较为典型的服饰品,在当时男女都用暖手筒暖手保温,其大小不一,男子使用的比较小,而女性用的则比较偏大,以便偶尔可以用来遮盖手中的小宠物等。暖手筒最早出现于 15 世纪的威尼斯,为官僚贵族以及妓女们所爱。路易十四将其作为男人的用品,用进口的动物皮做成,如老虎皮、豹皮、水獭皮或海狸皮等。女用暖手筒用镶有珍珠的丝绸和缎子做成,衬有动物毛,并用水晶或金制纽扣系住。(图 3-35)

（六）翻边长筒靴

翻边长筒靴是巴洛克时期服饰品的一个典型特征。长筒靴形如水桶,靴口很大,也装饰有蕾丝边饰,靴口处向外翻折或靴口朝上"蹲"着,很富有装饰性。除长筒靴外,还有短筒靴和皮鞋,男子以黑色为主,有红色高跟,鞋舌也是红色,很长很大,鞋上装饰有缎带或珠宝。尖头高跟鞋成为女子的宠物,鞋头向前弯曲,鞋舌高,扣带窄,扣结小,扣带上缀有珠宝,鞋面与饰物多用缎带、织锦、花布做成蝴蝶结状。(图 3-36)

图 3-36 翻边长筒靴

第三节 洛可可时期服装（1715—1789 年）

一、洛可可时期社会文化背景

18 世纪，西欧发生剧烈的震动，英国和法国变成了两大强国，而后他们因商业竞争产生了历史上的"七年战争"，法国的统治者采取了"愚蠢的政策"招致了失败，为法国大革命制造了土壤，而英国却因战争的胜利和产业革命带来了成功，大大加速了西欧资本主义的进程。

其间法国的贵族生活似乎远离战争，在上流社会，出现了与国王主宰的宫廷相对的资产阶级沙龙文化。路易十四的晚年，朝政里的高级官员和从市民阶级中产生的新的富裕阶层，即新兴资产阶级成为一种取代旧贵族的社会势力，18 世纪的文化就是从贵族和新兴资产阶级的社交生活中产生和形成的。沙龙中的人们只追求现实生活的幸福和感官上的享乐，特别注重发展人类生活的外部要素，这就使人们的感觉异常敏锐和高雅，形成了不同于巴洛克那庄重豪华、拘泥虚礼的宫廷文化的文化形态，这就是著名的洛可可样式。

洛可可为法语 Rococo 的音译，此词源于法语 Ro-caille（贝壳工艺），作为艺术风格，原指用贝壳和石头修筑起来的人工假山和岩洞等，后指具有贝壳纹样曲线的装饰主题。最初这个词也是从 19 世纪古典主义的立场上对 18 世纪室内装饰和家具上的装饰手法的批判，后来作为一种艺术风格，专指 1715 年至 1770 年这一历史阶段的文化样式，成了文化史上区分时代的名称。

洛可可样式在开始时也是贵族和资产阶级反对路易十四的凡尔赛宫以及其他官方艺术那种繁沉浮华风气，希望振兴巴黎文化而创造的一种更加明朗和亲切的装饰风格。与哥特式建筑样式的名称相对，洛可可是以室内装饰为主体的样式名称，其特点是在室内装饰和家具造型上到处都是凸起的贝壳纹样和曲线形主题的组合，C 形、S 形和旋涡形状曲线纹饰蜿蜒反复。墙壁与天花板、墙壁与墙壁、家具的边角和接缝等分割线都巧妙地用纹饰隐蔽起来，尽量避免直线、直角的交叉和使用，角的部分都带圆味。墙壁用优美的曲线额缘和木制护墙板以及大镜子装饰，室内的绘画、雕刻、家具及日

图 3-37 洛可可时期建筑

用器具上都装饰有曲线纹样，镀金的富丽堂皇的青铜装饰比比皆是，整个室内的色调是高明度、低纯度，十分淡雅，白底上金色的曲线纹样最为流行。并且创造出一种非对称的、富有动感的、自由奔放而又纤细、轻巧、华丽、繁复的装饰样式。巴洛克那洋溢的生气、庄重的量感和男性的尊大感被洗练的举止和风流的游戏般的情调，艳丽的纤弱柔和的女性风格所取代。（图 3-37）

二、洛可可时期主要服装特点

洛可可时期的服装仍处于原有状况，只是将装饰的重点由 17 世纪的男装转移到了 18 世纪的女装上。女装成为洛可可风格的代表，使服饰更加细腻地向女性化方向发展，其中裙撑的再一次使用以及女子高发髻都是该时期的典型特征，而且男装中的女性化特征也日益凸显。从其发展过程上又分为三个阶段：

洛可可初期（1715—1730 年），又称"奥尔良公爵摄政"时代，是巴洛克与洛可可的过渡时期，服装上一面留有巴洛克的痕迹，一面向纤弱柔和的女性化方向发展。

洛可可鼎盛期（1730—1770 年），即路易十五时期，这一时期的服饰特征表现为纤细与优美，更加洗练，女装更加性感，喜用富于轻快韵律的 S 形、C 形、涡旋形等连续不断的曲线。裙撑又一次出现，裙撑由过去圆钟形逐渐变为椭圆形，前后扁平，左右宽大，横向裙撑。使女性的性感妩媚达到了极限。衣领开得宽低，胸部袒露，双肩外露。大量使用珠宝、刺绣、花边、丝带以及人造假花作为装饰，服装面料质地轻柔，花纹图案小巧精细，构图多采用不对称的涡旋形曲线纹，纹样内容多以自然界的花卉、棕榈、莨苕枝叶为主，偶尔也有中国元素的山水祥云、吉祥花鸟等图案。色彩淡雅明快，特别喜欢粉红、浅黄、淡绿、玫瑰等娇嫩的色彩，粉色调是这一时期服装色彩的主要特征。

洛可可衰落期（1770—1793 年），即路易十六时期，服装上出现许多转变和改良，预示着新时代的到来。路易十六的王妃玛丽·安托瓦内特（Marie An-toinette，1755—1793 年）原为奥地利帝国公主，15 岁嫁给路易十六。 玛丽在政治上毫无建树，只是热衷于吃、穿、玩和修饰花园，奢侈无度。但她对服装的喜好和痴迷，为巴黎时尚奠定了基础，对后来法国成为世界时装中心功不可没。当时她把罗斯·伯顿（Rose Bertin，1744—1812 年）作为自己的专属服装设计师，被封为"时尚大臣"，罗斯·伯顿也被后世认为是近代女装设计师的始祖。鼎盛期的洛可可社会畸形发展导致服装的畸形发展，必然被新兴的服装所代替，但衰退期的服装还保留有洛可可风的明显印痕，并集中表现在女装的罗布和裙子上。

三、洛可可时期主要服装式样

（一）阿比（长外套）

洛可可时期的男子长外套称为"阿比"（Habit a la Francaise），与巴洛克时期男子上衣"究斯特科尔"基本一样，服装造型继续采用收腰，其下摆向外撇张，呈现波浪状，为了使臀部向外张，在外套的下摆处增加各种丝麻衬或鲸鱼须等。在长外套两侧和后中部都有开衩，外套多没有领子，少数装有立领，前门襟装饰一排纽扣，多的可达33个，这个时期的纽扣工艺与制作都有很大改进，其扣子上的镶嵌工艺十分精美，特别喜欢用各种宝石装饰，因此，这一时期的扣子比衣服还要贵重。与巴洛克时期一样，扣子以装饰功能为主，一般门襟敞开不系扣或系3—4粒扣作为一种时尚。用料多采用浅淡色调的缎子，图案装饰比巴洛克时期细腻柔和，略带几分女性化的元素。（图3-38）

图 3-38 阿比（长外套）

（二）贝斯特（长坎肩）

洛可可时期的"贝斯特"与外衣"阿比"造型基本一样，无领衣长比阿比短2英寸（约5.08厘米）左右，穿在阿比里面的"贝斯特"装饰比巴洛克时期更加豪华，用料主要有丝绸、锦缎以及毛织物，在华丽的面料上用金线刺绣装饰。里面白色的衬衣在领口、袖口都有蕾丝或细布制作的飞边褶饰，与阿比和贝斯特形成对比装饰。后来贝斯特长度逐渐缩短到腰部，袖子消失，前片仍用华丽的面料，而平时看不见的后片则用朴素、廉价的布料或里子料制作。后来这种无袖之衣被称为基莱，是现代西式背心的前身。（图3-39）

图 3-39 贝斯特（长坎肩）

（三）克尤罗特（男子半截裤）

洛可可时期的半截裤克尤罗特（Culotte）与巴洛克时期基本一样，其造型更加紧身合体，巴洛克时期多用黑色天鹅绒面料制作，洛可可时期多用浅色、亮色缎料制作，不用扎腰带，也不用吊裤带固定。裤长到膝关节上下，裤口处用3至4粒扣子固定，下穿白色长筒袜，1730年以前，袜子上口包在裤口外面；之后袜子上口流行在裤口里面，裤口外有襻带或皮带扣固定装饰。这种由夫拉克、基莱和克尤罗特组成的三件套，在路易十六时代作为上流社会男子的社交服一直使用到19世纪。（图3-40）

图 3-40 克尤罗特（男子半截裤）

图 3-41 夫拉克 (燕尾服)

（四）夫拉克（燕尾服）

夫拉克（Frac，英国人称 Frock）是一种外出穿着的上衣。18 世纪中叶，受英国工业革命影响，男装造型款式逐渐趋向简洁与功能化方面转化，更加注重实用性。夫拉克就是其中比较流行的一款，其服装最大特点是门襟从腰部开始逐渐向后部倾斜，是后来燕尾服的最早雏形，也是现在晨礼服（Morning Coat）的始祖。

夫拉克有立领或翻领两种，前门襟有一排纽扣装饰，敞开不系扣。后部下摆开衩，袖子采用两片结构缝制，袖长到手腕，袖口露出里面衬衣的褶饰。巴洛克时期的那种翻折上去的袖口造型不见了，但固定袖口的几粒扣子作为装饰一直保留至今。1780 年，英国出现了用毛料制作的夫拉克，这种朴素、实用的英国式夫拉克从此成为男服的定型，英国也由此确立了男装流行的主导权。现在的男西服缝制技术在这个时期已基本形成。（图 3-41）

（五）鲁丹郭特（外套）

鲁丹郭特（Redingote）是洛可可中后期出现的一种新型外套，其名称来自英国骑马时所穿的大衣，这时作为旅行用外套在法国流行，有两层或三层领子，造型很类似"阿比"，因此，洛可可中后期鲁丹郭特经常取代"阿比"直接穿在贝斯特外面。（图 3-42）

图 3-42 鲁丹郭特 (外套)

（六）罗布·吾奥朗特（斗篷式长裙）

罗布·吾奥朗特（Robe Volante）是洛可可初期的一种女装款式，其款式特征是：上身前面合体紧身而且平挺，领口开得很大，并在上面有蕾丝花边装饰，在背部（后领窝处）有细密的箱形普利兹褶，从肩部直至地面形成斗篷式造型。上下前后形成强烈对比，使臀部突出，充分体现女性优美的特征，拖着这长长的衣裙走动，就会产生飘逸的美感。后来这种优雅的衣裙样式受到路易十五情妇蓬巴杜侯爵夫人的喜用，路易宫廷以及周围贵夫人竞相追随穿用且流行了十几年。贵妇人们常年沉溺于享乐与放纵的生活当中，参加各种室内外舞会，以表现女性的性感来得到男子的青睐，这就是罗布·吾奥朗特流行

图 3-43 罗布·吾奥朗特 (斗篷式长裙)

的直接原因。由于当时宫廷画家瓦托(Jean Antoine Watteau, 1684—1721年)经常选择这种款式的衣服作为绘画对象,来表现洛可可时期女子的生活时尚,故又被称为"瓦托式罗布"。(图3-43)

（七）帕尼埃（横向裙撑）

帕尼埃（Pannier）是1740年以后洛可可中期流行的前后扁平、左右宽大的一种横向裙撑,因其形似马驮东西时的背篓而得名,所以又称背篓式裙撑。帕尼埃用鲸鱼骨、金属丝、柳枝藤条或较轻的木料和亚麻布等制作而成,洛可可鼎盛时期帕尼埃发展得越来越大。据文字记载最高记录横宽可达四米,约人身长的1.5倍。这种横宽的裙子给当时带来一系列社会问题,如出入门时,盛装的贵夫人只好横着走,否则无法通过,乘坐的马车需要改装。到1770年,人们又发明了可以折叠的帕尼埃,框架上装有合页,用布带连接,可以自由开合,向上提则收拢变窄,放下又变宽。(图3-44)帕尼埃外面先罩一条衬裙,再穿一件罗布,罗布一般前开衩,上面露出倒三角形的胸衣,下面呈A形张开,露出衬裙。帕尼埃撑裙上面的罩裙刺绣有花卉、宝石纹样,装饰繁缛的丝带花边、鲜花或人造花,因此穿着这种有帕尼埃裙撑衣裙的女人又被称作"行走的花园"。(图3-45)

图3-44 帕尼埃（横宽裙撑）

图3-45 可折叠的帕尼埃

（八）苛尔·巴莱耐（紧身胸衣）

洛可可时期的紧身胸衣称为苛尔·巴莱耐（Corps Baleine）,这个时期由于工业革命的发展,服装制作技术得到不断进步,紧身胸衣制作方法也有所改进,在紧身胸衣上继续使用鲸鱼骨作为支撑材料,但是根据穿衣者的体型变化弯制鲸鱼骨,然后镶嵌入紧身胸衣内,胸部上方横嵌一根,背后部分则是竖嵌一排,使背部挺直。紧身胸衣外罩丝缎面料,前面装饰倒三角形胸饰,形成很尖的锐角向下延伸,从视觉上看腰部显得更加纤细。胸衣背后再用带子系扎,勒紧的腰部使胸部更加突出,显得丰满性感。同时紧身胸衣也是一种地位的象征,它限制了穿着者的活动范围,表明女子的地位属于悠闲阶层。(图3-46)

（九）波兰式罗布（捆束裙子）

波兰式罗布（Robe a la Polonaise）又称罗布·阿·拉·波罗耐兹。1776年受波兰服饰的影响,出现了波兰式罗布,其特征是:裙子在后侧分两处向上提起,臀部出现三个膨起的团。后腰内侧装着两条细绳,在表面同样的地方装饰着扣子或缎带,细绳从里面下落,经裙摆向上把裙子捆

图3-46 苛尔·巴莱耐（紧身胸衣）

图 3-47 波兰式罗布（捆束裙子）　　图 3-48 切尔卡西亚式罗布　　图 3-49 英国式罗布（碎褶裙）

束起来，绳端挂在或系在表面的扣子上。还有的在内侧裙摆处装上带环，绳穿过此环向上把裙子提起来后系上，外表也同样形成裙子被卷起来的形状。虽然体积明显变小、裙长变短，但并不减贵妇人的雍容华贵，行动颇为方便，一时流行于中层以至下层妇女之间。（图 3-47）之后又出现了切尔卡西亚式罗布。据说是受黑海沿岸的切尔卡西亚地区少女衣服的启发而出现的罗布，裙子上有三条绳子捆束，形成四个膨起的团，因形似波兰式，故被认为是波兰式罗布的发展。（图 3-48）还有英国式罗布，其款式更加简洁、质朴，体现出英国自然主义的倾向。前后的腰线都向下突出，通过起自腰线接缝处的许多碎褶形成裙身的体积感。（图 3-49）

（十）卡拉科（紧身夹克）

卡拉科（Caraco），是一种吸收男装形式的功能性女夹克，这种夹克上半身比较紧身合体，下摆呈现波浪状向外张开，衣长到臀部。背部嵌有鲸鱼须，使之挺直。夹克袖子窄瘦，有长袖和七分袖之分。1780 年主要流行于英国上层女子穿着，后流行并普及西欧各国，是较早女性服饰向男性功能服饰转变的代表，体现了当时的流行趋势。（图 3-50）

（十一）托尔纽尔（臀垫）

托尔纽尔（Tournure）是一种臀垫。1780 年后，繁重的帕尼埃逐渐被托尔纽尔所代替。此时的女子上身继续使用紧身胸衣调整体型，下身裙子面料柔软，里面用托尔纽尔臀垫衬托，目的是让女性的后臀部显得突出。这种巴洛克后期出现的臀垫在洛可可后期再次使女性后臀膨起来。法国以外的国家称其为克尤·德·巴黎（Cue de Paris，即"巴黎的屁股"之意）。（图 3-51）

图 3-50 卡拉科　　图 3-51 托尔纽尔

四、洛可可时期主要服饰

（一）男子袋装假发

洛可可时期的男子假发比巴洛克时期假发小，其典型形象就是脑后面有马尾辫，扎起来装在用丝绸制作的袋子里，再用黑色丝带系扎做装饰。洛可可初期流行白色假发，后期流行使用灰色假发，并喜欢在假发上喷洒各种香粉与香水。假发形式也标新立异且多种多样，此时有"假发时代"之称。法国大革命以后假发逐渐消失。只是在英国，即使今天，在一些受英国传统文化影响深远的前殖民地地区，法官和律师在法庭上仍然保留戴假发的传统习惯。（图3-52）

（二）女子高发髻

繁缛复杂的高发髻是洛可可时期发型的最典型特征，女子发型出现了发髻史上空前绝后的高发髻，极端时期最高可达三英尺（91.44厘米）。这种高发髻通过用马毛做垫子或用金属丝做支撑，然后再覆盖上自己的头发，如果发量不够，再加上一些假发，用加淀粉的润发油（相当于今天的发胶）和发粉固定。在这个高高耸起的发髻上还要挖空心思地做出许多特制的装饰物，如山水盆景、庭园盆景、马车农夫、牛羊等田园风光和扬帆行驶的战舰。（图3-53）当时流行一句经典语："法国海军的最佳战舰在法国皇后的头饰上。"有时还在发髻中嵌入自鸣乐器或金丝雀，发出美妙的声响。高发髻的流行，使舞厅房顶不得不加高，甚至连教堂正门入口的屋顶，为了不破坏宫廷贵夫人们的发型，也向上加高了一两米。如此高的发髻，不仅要花费人力、物力和时间，就是对支撑这个硕大的物件的本人也是一份相当难熬的苦差，何况上面那光怪陆离、富有幻想的各种装饰，其技术难度可想而知。因此，一旦完成就视为珍宝，尽可能让

图3-52 男子袋装假发

图3-53 女子高发髻

图 3-54 女子横宽的发型

其保持时间长一些，五至六周不足为奇。然而，麻烦来了，首先是无法睡觉，只能半卧着，故当时的贵夫人们多睡眠不足。关键是长时间不能洗头，这高高的发髻成了虱子等寄生虫的天堂，不管贵夫人有多么高雅和时髦，也难以抵挡那钻心的痒痒，于是在其身边的小道具中就又增加了一件新发明——搔头用的长柄痒痒挠。到 1780 年，高发髻才日渐衰落，直至法国大革命爆发而消失。（图 3-54）

（三）化妆

洛可可时期的男子也像女子一样流行化妆，面部不留胡须，油头粉面，女性味十足。男子出门也需在脸部、头发上扑上白色香粉。在这一时期男子使用香水也成为一种时尚，香水的大量使用，使法国巴黎最早开设了香水店，巴黎也在宫廷贵妇和时尚男子的倡导引领下，成为世界香水之都。（图 3-55）

图 3-55 男性化妆

图 3-56 面饰：黑痣（剧照）

（四）面饰

黑痣是洛可可时期流行的一种面部装饰，这种风习最早兴起于文艺复兴时期的意大利，妇女们在皮肤上用树脂贴上黑天鹅绒或黑丝绸的小片，进行香化处理后贴在脸上的不同部位，以引起男子对自己容貌的注意。形状、大小千变万化。除圆形、四角形、心形、星形和月亮形以外，甚至还有小动物和人形的，据说当时这也成了情人幽会相约的暗号，贴在不同位置具有不同的含义。这种风俗自 16 世纪末创始以来，17 世纪中叶得到普及，一直延续到 18 世纪末法国大革命爆发。（图 3-56）

（五）高跟鞋

洛可可时期的鞋履制作工艺精巧，鞋跟较低。女鞋从17世纪初就出现了今天的高跟鞋样式，但此时期的女鞋几乎均用丝绸、织锦、缎子或亚麻布做鞋面，也有少量使用柔软的小山羊皮。为了避免把鞋弄脏，外出时常在鞋下穿拖鞋式的套鞋。高跟本来是为经过脏处时垫起脚跟的，但它同时增加了身高，使脚形也显得优美，因此，鞋跟的形状也呈很美的曲线，著名的"路易高跟"造型十分优美，有时跟从后边曲线状地被置于脚心位置即负重点位于脚尖和脚踵的二分之一处。鞋头很尖，鞋面有带结或带扣固定。（图3-57）

（六）配饰

自从15世纪男子出门喜欢带手杖装饰以来，发展到洛可可时期手杖仍然非常流行，材质多为木质、竹质，上层贵族还有用象牙制作的，品种多种多样。扇子自12世纪从东方传来后，这时已成为妇女必备的服饰品，贵夫人们的扇子都有象牙柄或金柄，装饰有鸵鸟、鹦鹉和孔雀毛羽，有的还镶有宝石。据说紧身胸衣勒得贵夫人、阔小姐透不过气来，为了在心理上消除这种不快，一面把领口开大，一面用扇子来取得一点心理平衡和安慰，因此扇子成了不可缺少的服饰品。（图3-58）

图3-57 高跟鞋　　　　图3-58 女子与扇子

第四节 近世纪服装小结

综上所述，政治、经济、文化等因素的不断变化使近世纪的服装在内容和形式上都显得丰富多彩，与中世纪相比有它独特的特征。首先，在服装款式上以上衣下裤或上衣下裙的组合为主要形式，在造型上过分强调性别美，这是西方的窄衣文化发展的重大成果，不仅与古代服装截然区别开来，而且也与东方服装造型形成鲜明的对比。其次，流行的中心不再局限于以意大利为中心，呈现西班牙风、德意志风、法国风、波兰风等，地区风格之间时兴时衰，呈现一定的周期性；流行的范围也不再局限于宫廷，受路易十四的影响，当时的社会风气普遍追求奢华腐朽的虚荣，服装流行从宫廷向市井传播，开始都市化、贫民化的大范围流行。

这一时期的服装根据不同的特征分为文艺复兴时期、巴洛克时期和洛可可时期，三个不同的历史时期呈现有不同的特征，具代表性的服装及服饰也有所不同。文艺复兴时期的服装，曾以夸张而膨胀的外观来表现人性的复苏，强调了男女性别的形式美。填充和撑大的衣裙在艺术化的对比中传达出人们对禁欲主义的反叛心理。巴洛克时期的服装进一步突出感官效果，将服装在引入现实的自由生活的同时，也从豪华浮夸中流露出性感，过多的雕饰又导致服装的怪异，男性阳刚之美的淡化，繁冗的饰物使服饰出现了变态倾向。至洛可可时期，以女性为中心，女性特征的服装大为盛行，曲线精致的纹饰造成这一时期的纤弱之气，性感更为突出。袒胸与夸张的撑裙再次证明了现世的享乐主义和情欲泛滥。直到工业革命产生巨大影响后，贵族式的闲适无聊服饰才得以改变，男子的地位出现提升，服装中的女性倾向被清洗淘汰，质朴、庄重、威严回复到男装之中。

思考题：

1. 简述文艺复兴时期的服饰特征。

2. 简述西方巴洛克与洛可可时期服饰的异同。

3. 名词解释"斯拉修"。

4. 为什么说洛可可时期是法国服装的鼎盛时期？

第 四 章

近 代 服 装

在西方，近代是指1789年法国大革命到20世纪初第一次世界大战爆发前的1914年为止这一个多世纪。在这期间，社会动荡不安，政治反复变革，社会结构发生了重大变化，由于工业革命、法国大革命和资本主义社会的发展，服装文化也随之发生一系列的变化。

1789年，法国大革命标志着法国的封建体制结束，法国从此进入了资本主义社会。1804年，拿破仑建立法兰西第一帝国，然后又经历波旁王朝复辟，七月王朝建立，直至1848年2月，在欧洲资产阶级革命的大潮中，法国建立了共和国。1871年，德国通过数年的战争实现了统一，不久意大利也完成了统一。

到19世纪上半叶，机器制造业也建立起来，以生产各种机器来满足各行各业的需要。至此，第一次工业革命基本完成。第二次工业革命从19世纪60年代开始，出现了一系列的电气发明，成为这一时期重要的科技成果，迅速应用于工业生产，促进了经济大发展。1839年法国人达盖尔发明了照相机；1846年美国人艾利斯·豪维发明了缝纫机；1856年出现了生铁机架、脚踏传动皮带转动机头的新型缝纫机；1862年又出现了工业缝纫机；1884年法国人查尔东耐发明了人造纤维；1892年英国人克罗斯和比万发明了黏胶人造丝，1894年他们又发明了醋酯纤维等。

在工业革命的影响下，资本主义经济急剧发展，出现了垄断组织，从而控制了商品的生产、价格和市场。资本家控制了社会的经济，日益干涉国家的决策，最后形成国际垄断集团，要求从经济上瓜分世界，促使各国政府对外侵略扩张，于是一些主要的资本主义国家进入了帝国主义阶段。亚洲、非洲大多国家先后沦为其殖民地，拉丁美洲也受到殖民势力的渗透，到20世纪初，世界殖民体系最终形成。

随着社会的变革，男子的地位和作用也被确立，从18世纪在沙龙里向女性献殷勤，转向开始从事近代工业及商业等领域的社会活动，选择服装主要追求衣服的合理性、活动性和机能性。可以说，19世纪中叶，男服完成了近代化的历程，后来在样式上的变化就不那么明显了。

从 1830 年前后起，时装杂志开始在欧洲普及，使广大的家庭主妇成为杂志的热心读者，为时装的传播与流行奠定了基础；同时，1858 年英国人沃斯（Worth）在巴黎以拿破仑三世王后欧仁妮和英国维多利亚女王为首的上流贵族女性为顾客，创立了高级时装店，从此，巴黎树起了一面指导世界服装流行的大旗，进一步奠定了巴黎作为世界时装发源地和流行中心的国际地位；1836 年，英国人普朗歇（James R Planche）、1852 年法国人拉克罗阿所著的服饰史引起了人们对服装发展史的研究兴趣；与此同时，成衣产业也迅速发展起来。

19 世纪被称为"流行的世纪"，这个时期的流行主要是指女装的流行，男装基本上已定型。经历这个时期每一次剧烈的社会变革，女装样式都会发生变化，正如 19 世纪也同时被称为"样式模仿的世纪"一样，女装的变迁几乎是按照顺序周期性地重现过去曾出现过的样式：从希腊风到 16 世纪的西班牙风、洛可可风，再到巴斯尔样式等在这一时期纷纷登场。因此，从服装样式上，一般把近代服装分为以下五个时期：①新古典主义时期服装（1789—1825 年）；②浪漫主义时期服装（1825—1850 年）；③克里诺林时期服装（1850—1870 年）；④巴斯尔时期服装（1870—1890 年）；⑤曲线造型时期服装（1890—1914 年）。

第一节 新古典主义时期服装（1789—1825 年）

一、新古典主义时期社会文化背景

新古典主义是以法国为源头，在欧洲艺术领域出现的一股新的思潮和风格，与古希腊、古罗马的古典主义相对应，自 18 世纪中叶起，由意大利、希腊和小亚细亚地区古代遗址的发现、勘察和考古研究的兴起而形成的文艺思潮。它反对巴洛克和洛可可的过度装饰，追求古典的宁静和自然，又注入了考古式的精确形式，创造了一种充满理性又优雅古朴的美。在建筑、绘画上都产生了不少优秀的艺术作品，如法国巴黎的凯旋门、马德兰教堂，法国画家大卫的《马拉之死》和安格尔的《泉》等，都是新古典主义的典范。

法国大革命从政治上摧毁了路易王朝的封建专制制度，革命后的法国人民在思想上接受了这种新古典主义思潮，形成了与洛可可时期截然不同的服装样式。法国大革命废止了过去的强制法，主张服装民主化。过去作为不吉利的而受到鄙视的黑色，这时成为仪礼和公共场合的正式服色，具有了新的权威性。后来，拿破仑在他的宫廷中想恢复服装上的阶级标识，但没能控制住黑色的支配地位。因此，在服装史上把这一历史阶段称为新古典主义时期。

新古典主义时期可分为前后两个时期，前期（1789—1804年）包括法国大革命时期、督政府执政时期和三执政官执政时期，法国整个社会处于动荡混乱的状态，人们开始希望服装简化、简朴和无阶级差别，以往塑造夸张造型的裙环、绚丽多彩的人工花果、涂抹的化妆品、追求华丽的风气都被摒弃。社交活动也随着王室灭亡而停止，专为上流社会开办的时装杂志被停办。在大革命和恐怖时期之后，开始了以古希腊服装为典范，追求古典、自然的服装形态。后期（1804—1825年）为拿破仑第一帝政时期和王政复辟初期。1804年拿破仑（图4-1）称帝，他非常崇拜古罗马文化。为恢复国力，采取鼓励奢华消费的方式来推动国家经济发展。大兴土木，建造宫殿，复兴丝绸、天鹅绒和蕾丝等纺织工业，积极支持法国香水业的发展，奖励对工艺美术事业有贡献的参与者。在着装上追求华美贵族的趣味，禁止上层女性在同一场合穿同样的衣服。这种着装风习也确实促进了法国纺织业和服装业的发展。1814年之后，反法联军攻进巴黎，拿破仑帝政结束。路易十八在反法联军的保护下回到王位上，波旁王朝复辟。第一帝政虽然从此结束，但帝政时期形成的服装样式往后延续了一段时间，因此服装史上将这段时期又称为"帝政样式时期"。

图4-1 拿破仑

二、新古典主义时期主要服装特点

新古典主义时期的服装特点，总体上讲，男女服装比较清新质朴、淡雅、不张扬，主要是对过去洛可可服装风格的批判，法国大革命风暴一夜之间改变了自文艺复兴以来三百多年间的贵族生活方式，一扫路易王朝宫廷豪华奢侈的穿衣习俗，彻底摒弃了过于细腻柔媚、华丽繁琐的装饰以及矫揉造作的人工花草饰物。革命革除了丝绒服、紧身内衣，把妇女从拘谨的服装中解脱出来；紧身胸衣、裙撑、洒着香粉的高髻假发、高跟鞋、美人痣、丝带装饰统统不见了。以古希腊、古罗马时期的服装为典范，追求古典的、自然的人类纯粹形态。当时的服装造型与服装色彩成为区分赞成革命的市民派和反对革命的王党派的标志。如在这一特殊时期，穿着贵族服饰上街过市，必然成为民众攻击的最好目标。

从这个时期开始，过去那以绚烂的贵族男性时装为主要流行的历史到此结束，一提时装，就是单指女装的流行。此时的女装主要以素色连衣裙为主，其最大特点就是将腰节线提高至胸乳以下，下裙细长多褶，长到脚踝以下，至使女子行走时不得不提着裙子，形成这种优雅姿态在这一时期的流行。袖子短小，多为泡泡袖造型，胸腰臀曲线不再是强调的主体，女性服装不再显露体形是这一时期最主要的着装特征。

拿破仑时期，女装以方形领口为主，并且开得很大、很低。裙子为双层重叠穿着，内外裙子采用不同材质的异色面料，外裙分长短两种，裙前与裙摆都以露出内裙为目的。重叠穿着裙子，不仅弥补裙子色彩上的单调，又增加了服装层次的变化，是帝政时期女装典型特色。

由于女装礼服造型多为短袖，手臂裸露在外面，所以这个时期长及肘部以上的长手套比较流行，外出与家居服装则多用各种造型的长袖。同时喜欢使用各种造型与多种颜色的披肩作为装饰，以弥补单调的服装造型款式。

这时的男性服装款式基本定型，以西式服装三件套为基本款式，挺拔、整齐，以不显眼为高雅。长裤取代马裤与裙裤，短袜代替了传统的长筒裤袜，人们理想中的审美观开始形成。

三、新古典主义时期主要服装式样

（一）卡尔玛尼奥尔（短上衣）

卡尔玛尼奥尔（Carmagnole）是法国大革命时期革命者穿的一种翻领短上衣，该衣原自法国与意大利接壤的皮埃蒙特区卡马尼奥拉城镇意大利工人穿的一种夹克衫。过去上层贵族那种装饰繁缛的服饰不再流行，而平民阶层的服装则成为时尚。最具有代表性的服装就是卡尔玛尼奥尔，革命者将其带到巴黎，并在当时的革命者和市民中形成流行，其服装造型领子驳头很宽，上衣有挖口袋和金属或骨制的扣子作装饰。（图4-2）

图4-2 卡尔玛尼奥尔（短上衣）

（二）庞塔龙（长裤）

庞塔龙（Pantaloon）为一种长裤，原本是17世纪意大利喜剧演员庞塔莱奥奈在舞台上穿的一种不扎裤脚的细筒裤，因裤脚肥大，腰臀部较为宽松，他每一次出场便会逗得观众哄堂大笑，又被称作"丑角裤"，后来就曾有人穿过。这时，革命者们把它作为对贵族那种长及膝的半截裤革命来穿用，因此，也称作长裤汉党（Sans Culotte），即不穿半截裤。最初该裤长只到长靴位置，后来逐渐变长，1793年长到一般的浅口皮鞋的位置。长裤常用象征法国革命的红、白、蓝三色条纹毛织物制作。到19世纪上半叶，裤腿时而紧身，时而宽松，与传统的半截裤并存。到19世纪50年代后，男裤才真正完成现代造型样式。（图4-3）

图4-3 庞塔龙（长裤）

（三）夫拉克（男式大衣）

夫拉克为一种外穿大衣，早在18世纪下半叶就曾出现过，经过数十年的演变，主要有两种基本样式：

一种是在前腰节水平向两侧裁断，后边呈燕尾式的燕尾服（Swallow Tailed Coat），流行于18世纪90年代，翻领宽大，单排扣，到90年代末期，出现双排扣。其领子可竖起来，把扣子一直扣到脖子上，也可只扣两粒扣子，把翻领打开来穿，也有不扣扣子，敞开衣襟露出里面的贝斯特。衣长在18世纪90年代中期多为长及脚踝的长尾式，到19世纪不知不觉地被短缩到膝部，后片有箱形普利兹褶和开衩，开衩上端有两粒装饰扣。（图4-4）

另一种是前襟从高腰身处就斜着向后裁下来，衣长及膝的晨礼服，最初是骑马用的大衣，前止口之所以自腰节开始向后斜裁，即是为了骑马方便，这种骑马服到19世纪被作为市民服使用，面料也变得讲究了，从田舍来到都市的这种燕尾式大衣，后来升格到宫廷中使用，拿破仑和英国国王乔治三世的宫廷都采用这种样式。（图4-5）

（四）基莱（背心）

基莱为现代西式背心的前身，基莱前片用华丽的面料，而平时看不见的后片则用朴素、廉价的布料或里子料制作。作为在朴素色调的夫拉克和单色的庞塔龙的组合中增加一块明快色的衣服，这时显得十分重要，领子与驳头，其造型与以前无多大变化。（图4-6）

（五）卡里克（男式披风大衣）

卡里克（Carrick）为帝政时期的一种男式长大衣。该大衣的最大特点是在肩部有几层披风，衣长一般到脚踝。最早起源于英国，因当时男子常穿卡里克乘坐敞篷马车而得名。（图4-7）

图4-4 燕尾式夫拉克　　　　图4-5 晨礼服式克拉夫　　　图4-6 基莱（西式背心）　　图4-7 卡里克（男式披风大衣）

（六）修米兹·多莱斯（高腰连衣裙）

修米兹·多莱斯（Chemise Dress）也称罗布·修米兹（Robe Chemise），是新古典主义时期一种典型的连衣裙，因其形似古希腊内衣、长衬裙而得名。其最大特点是把腰际线提高到乳房底下，胸部内侧做成护胸层，裙长轻薄到脚踝，内有衬裙，形式宽松，多用白色细棉布制成。这种款式最早在英国形成，后传入法国，巴黎的妇女们在大革命的影响下，很快接受了这种新的流行。在新古典主义思潮的推动下，女性对自己的身体美有了新认识，解下了紧身胸衣和笨重的裙撑和臀垫，不再追求曲线显露胸腰臀体型，甚至连内衣也不再穿了，出现了能透过衣料看到整个腿部的薄衣型服装样式。因此，服装史上也把这一时期称为"薄衣时代"。（图4-8）

（七）斯潘塞（女式短外套）

斯潘塞（Spencer）是新古典主义前期流行的一种女子短外套，造型与西班牙斗牛士穿的短夹克相似，衣长仅到高腰位置，袖子细长。这种女子短外套来自男服，因最初的穿用者是英国的斯潘塞伯爵而得名。后期又出现了一种叫康兹（Conezou）的外套，与斯潘塞共同使用。康兹是斯潘塞的变形，衣长比斯潘塞长，是一种披肩式无袖夹克，圆形翻折领，上面装饰着细褶或蕾丝花边。此外套一般用上等的天鹅绒、开司米、麻织物或细棉布做成。（图4-9）

（八）普里斯（外套）

普里斯（Pelisse）是该时期另一种外套，本来是中世纪以来男女都穿的装有棉絮或毛皮里子的防寒服。到第一帝政末期，随着裙摆增大，这种普里斯变成前开门，从上到下有一排扣子的罗布，所使用的面料有素色的开司米、天鹅绒、细棉布或有花纹的

图4-8 修米兹·多莱斯　　　图4-9 斯潘塞（女式短外套）　　　图4-10 普里斯（外套）

织物，还有闪光变色的丝绸、薄纱、缎子、毛织物和棉织物等。冬服有里子，如黑丝绒的面料配上粉红色丝绒里子，常为人们所用。（图4-10）

图4-11 帝政样式女装

（九）帝政样式女装

帝政样式女装（Empire Style），是前期新古典主义样式的延续与发展，其特点仍然强调高腰身以突出胸高，裙子细长，多采用短泡泡袖，领口为方形，很低很大，以展现女性迷人的胸脯。裙长不再曳地，下摆逐渐变宽，上有飞边褶皱、蕾丝缘饰。

帝政后期，先后又出现了各种富有变化的长短袖子，其中最典型的是一种叫做玛姆留克（Mameluk）的袖子，是用细带把宽松的长袖分段扎成数个泡泡状的袖子。与短的泡泡袖主要用作礼仪服装、宫廷宴会服装形成对比，长袖则主要用于外出服装或家庭内的便装。另外，衣服重叠穿法似乎是当时一种新的时尚，裙子流行两种颜色的重叠穿用，在朴素的连衣裙上罩一条颜色和材质不同的罩裙，分长短两种。长裙的前面空着，可露出里面的连衣裙；短裙及膝，从下面露出里面的连衣裙。（图4-11）

四、新古典主义时期主要服饰

（一）棒耐特（女帽）

棒耐特（Bonnet）是新古典主义时期一种典型的女子帽饰，其样式用布料或麦秆做成，上边装饰着人造花或缎带，戴时用缎带系在下巴底下。由于这种帽子造型很可爱，所以一直流行到19世纪中叶。这个时期由于女子发型以古希腊式的发型为主流，取代了洛可可时代的贵族妇女庞大繁琐发型，所以帽子做得都比较小巧可爱。同时，人们还对各种豪华头巾比较钟爱，头巾多用锦缎、缎子、条纹薄纱和天鹅绒等面料制成，上面再用白薄羽毛装饰。（图4-12）

图4-12 棒耐特（女帽）

（二）肖尔（披肩）

肖尔（Shawls）为一种披肩。最初流行的披肩叫蒂勒（Tull），因常用材料经编绢网织成的六角网眼纱产于法国中部的蒂勒市而得名。也有在"蒂勒"上刺绣花纹的，很富有装饰效果。现在婚纱、芭蕾舞服、宴会服以及女帽上都常用这种蒂勒装饰。当时做披肩用的蒂勒宽窄大小不一，披裹方法也各有千秋。1798年起，随着印度棉布的流行，人们又时兴使用印度产的开司米（Cashmere），克什米尔山羊的羊绒制成的精纺织物的长披肩。帝政样式时期女人均喜用这种高价的披肩，据说约瑟芬皇后就有三四百条价值15000—20000法郎的高级肖尔。（图4-13）

图4-13 肖尔（披肩）

图 4-14 低跟鞋

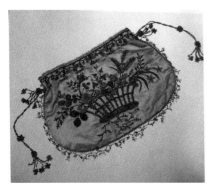

图 4-15 手包

（三）低跟鞋

这个时期的鞋，带有明显的古典风格。古希腊时期的造型代替了洛可可时期的贵族趣味，低跟鞋取代了路易时期的高跟鞋。最典型的主要有两种，用细带捆在脚和腿上的皮带式凉鞋——桑达尔（Sandal）和低跟的无带鞋"庞普斯"（Pumps），庞普斯最初是18世纪初期欧洲一些佣人穿的一种非常朴实的平底鞋，后来用山羊皮和布料制成的低跟无带鞋，成为当时女子参加社交舞会最流行的鞋子。（图4-14）

（四）手包

在新古典主义样式流行时期，由于裙子面料很薄，裙子内侧没有设计口袋，女子不得不采用手袋来存放常用的化妆实用小物件，于是女子携带小手提包开始流行，这种手包用有精美刺绣的布做成，有金属卡口和流苏装饰，可持在手里，也可挂在腰带上，形成这个时期独特的着装现象。（图4-15）

（五）长手套

这个时期女子服装短袖造型比较流行，使得女子手臂都裸露在外，为了避免肌肤被太阳直接暴晒以及御寒，女子开始时兴戴长及肘部以上的长手套。长手套一般选择比较轻薄柔软的面料制作，后来除了实用功能以外，长手套更多的是一种服装整体的装饰。（图4-16）

（六）配饰

新古典主义时期女子首饰方面主要有戒指、耳环、手镯、项链、镶嵌宝石的发夹和帽徽等。首饰工艺中浮雕宝石非常流行，人造花的制造工艺已达到相当高的水平。女性喜欢把彩珠项链和金项链绕六七圈再戴在脖子上。男子服装配饰最典型为配剑、手杖、马鞭三者必备其一。服装款型的简约促成领巾与领带的发展，成为男子服装必备的饰物。还有眼镜的装饰，这个时期鼻梁眼镜已经取代了过去老式手柄眼镜；除此之外，男女流行带刺绣自己姓名的手帕。（图4-17）

图 4-16 长手套

图 4-17 配饰

第二节 浪漫主义时期服装（1825—1850 年）

一、浪漫主义时期社会文化背景

影响重大的七月革命使法国摆脱了世袭贵族的压迫，动摇了封建阶级的统治，却又一次沦于以"钱袋子国王"路易·菲利普（Louis Philippe）为代表的金融贵族（工商业和银行资产阶级的上层分子）的统治之下。1848 年法国以推翻金融贵族的统治，实现民主为目的的巴黎二月革命爆发，粉碎了资产阶级保留立宪君主制的阴谋，成立了法国历史上的第二共和国。后来经 1848 年的六月革命，由于路易·波拿巴（Louis Bonaparte）政变，法国又于 1852 年进入拿破仑三世的第二帝政时代。

在这种政治风云变幻的历史时期，梦想资本主义无限发展的资产阶级的浪漫主义和企图向贵族时代复归的反动的浪漫主义混合在一起，形成这个时代独特的思想潮流。无论在文学、艺术还是在服装上都有明显表现。浪漫主义反对新古典主义的法则，逃避现实，憧憬浪漫，追求带有幻想的主观情感的东西。

更为突出的是服装造型和人们的举止态度结合起来，一颦一笑、一举一动都强调修养和风度，特别是女性，为了强调女性特征和教养，社交界的女士们经常带着怀中药，手里拿着手帕斯文地擦拭眼泪或文雅地遮盖嘴唇，故作纤弱、婀娜的娇态，好像久病未愈，弱不禁风。女性服装也创造出一种充满幻想色彩的典雅气氛。男装也受其影响，造型上出现明显的改观，出现了收细腰身，耸起肩部的造型，三件套的套装向修长风格发展。因此，服装史上把 1825—1850 年这一历史阶段称作浪漫主义时代。浪漫主义在反映现实上，善于抒发对理想世界的热烈追求，常用热情奔放的语言、瑰丽的想象、夸张的手法来塑造形象。它在政治上反对封建制度，在文艺上与古典主义对立，是资产阶级上升时期的意识形态的反映，有一定的进步意义。（摘选自《辞海》）

同时，随着欧洲各国工业革命的蓬勃发展，资本家和企业家的地位得到提高，城市居民逐渐扩大，新型的中产阶级成为消费的主要购买力。另外，自 1796 年德国人阿罗斯·塞尼菲尔德（Alois Senefelder，1771—1834 年）发明了平版印刷术后，使彩色印刷成为可能，这为时装样本（Fashion book）的出版和发行奠定了基础，相当于我们今天时装信息传播媒介的时装杂志应运而生。时装杂志出现为人们提供选择服装款式的机会，也帮助指导大众消费，对时装的发展与流行起到功不可没的作用，结束了过去流行信息主要来自宫廷的单一方式。

二、浪漫主义时期主要服装特点

浪漫主义时代的女装腰线逐渐回位到自然位置形态，又开始重新启用紧身胸衣和裙撑，使用多层衬裙使裙撑极力向外扩张变大，中央敞开能够看见里面的内层裙子。同时袖子根部极度膨大夸张，使得女性腰围显得更加纤细。宽肩、细腰和膨大的裙子使整体造型形成了名副其实的 X 型。为了强调女性特征，装饰的重点主要集中在人体的三围上，整个上半身缝制得非常合体，衣服一般多在背部开口系扎，如果前开襟，就使用挂钩扣合。

这个时期还流行各种造型的袖子夸张肩部，袖子普遍加衬垫物，短袖制成灯笼状，长袖做得肥大蓬松。另外袖子上部肥大，下部紧瘦，人称"羊腿袖"的造型再次出现。在袖子上大量使用羊腿造型，是这一时期服饰的最大特点。在强调曲线造型的同时，女装在领口、袖口、下摆等边缘处采用各种花边和褶裥进行装饰。

男子服装在这一时期受女子服装造型影响，开始追求曲线美，在服装历史上男子"破天荒"地第一次开始流行束腰，使用紧身胸衣来调整体形。男装的基本构成仍然是三件套组合，肩部耸起，整个造型装腔作势，神气十足，此时的男装造型比较简洁实用；色调非常高雅，多用黑色、茶色。礼服开始出现白天与晚上分别使用的款式造型，不同的季节使用不同面料来制作服装。最有特色的服饰品是"克拉巴特"领巾，它是贵族绅士们体现气质品位的重要手段。

男子还流行使用浅色针织物制作紧身裤，为了使裤子不起褶皱，还在裤脚处装有襻带，挂在脚底或鞋底上。形成这一时期男子独具特色的裤子造型。在服装上力图创造风韵独具而又柔情万种的风格。精致而不奢华，夸张而不怪异，奔放而不扭捏，成为浪漫主义时代服装的主要特点。

图 4-18 夫拉克（燕尾上衣）

由于时装杂志的普及，使人们的穿衣和价值观念都有所改变，流行信息不再将宫廷作为唯一的来源，从 1830 年起，宫廷贵妇人领导流行的现象逐渐被近代剧舞台服装所代替，名演员的服装和时装杂志的出现对当时流行起到了主要作用。

三、浪漫主义时期主要服装式样

（一）夫拉克（燕尾上衣）

这个时期的夫拉克是一种前短后长有燕尾的上装，浪漫主义时期的男子上衣基本都流行收腰造型。上衣无论长短都流行收腰，肩部耸起，装腔作势，神气十足。夫拉克驳头翻折止于腰节处，前襟敞开不系纽扣，露出里面的内衣，后面的燕尾有时长及膝窝，有时短缩至膝部稍上，肩部加垫肩，袖山膨起，加上收腰，使穿衣者上身呈倒三角形造型。为了使自己的身体适合这种细腰身的洗练造型，男士们也开始使用紧身胸衣来整形，形成这一时期独有的着装特色。（图4-18）

（二）庞塔龙（踩脚裤）

浪漫主义时期的庞塔龙（Pantaloon）由过去裤脚肥大变形为一种裤脚紧身的踩脚裤。其造型窄瘦，裁剪制作比较合体，多使用深色面料。但也有时髦男子常用浅色的面料或条纹织物制作非常紧身的庞塔龙，以体现男子的性感特征。为了不使裤子起皱褶，还在裤脚处装上细条襻带，挂在脚底或鞋底，类似现代女性穿的健美裤。（图4-19）

图4-19 庞塔龙（踩脚裤）

（三）科尔塞特（新型紧身胸衣）

科尔塞特（Corset）是一种紧身胸衣。随着宫廷服装样式的复苏，女性为了展现身体的曲线美，一种新型的紧身胸衣又悄然回到女人身上。紧身胸衣制造厂商们拼命在时装杂志上做推销广告。这时的紧身胸衣与革命前那种嵌入许多鲸须的不同，它是把数层斜纹棉布用很密的线迹缉合在一起，或用涂胶的硬麻布做成长及臀部的新型胸衣。对于丰满的胸和臀部采用插入细长的三角形裆布的技巧使其合体，前面把乳房托起，腰腹部束紧、压平，开口在背部中央用绳子系扎，以起到整形的作用。因此，穿这种新型紧身衣要比之前紧身衣舒适度强。（图4-20）

（四）鲁丹郭特（女外套）

鲁丹郭特（Redinggote）是该时期女子的一种外套，其造型也变成了细腰身，下摆量加大的外廓形，旅行用大衣常装饰着披肩式短斗篷。领子为立领造型，常用天鹅绒制作。纽扣用珍珠、铜或镀金金属制成，从领口到大衣下摆密排20多个扣子。外套的色彩主要流行蓝色、紫红色、浅黄色、青铜色等。（图4-21）

（五）曼特莱（斗篷式外套）

曼特莱（Mantelet）是浪漫主义时期一种斗篷式外套大衣，造型宽松肥大，从领子到臀部做成双层披风，覆盖整个袖子，披风门襟与下摆边缘处有精美的植物图案纹样装饰。这个时期的外套造型服饰比较多，有上个时期的延续

图4-20 科尔塞特

图4-21 鲁丹郭特

图 4-22 曼特莱（斗篷式外套）　　　图 4-23 宽袖根女装　　　图 4-24 膨大多层裙

下来的鲁丹郭特和斯潘塞，还有带头巾式具有阿拉伯风格的外套，但最受欢迎的还是曼特莱外套大衣。（图 4-22）

（六）宽袖根女装

浪漫主义时期的女装袖子膨大到历史极限。女子为了使自己的腰看上去显得更细，女装袖子不断向横宽方向扩展，大量使用鲸鱼骨、金属丝等做支撑或用羽毛等柔软织物做填充物，使袖子根部极度夸张，与细腰形成强烈的对比关系。这个时期女装领子主要有高领和低领两种形态，高领的上衣一般多采用羊腿袖造型，低领的服饰多采用泡泡袖造型。有的袖子上还装饰数层重叠蕾丝花边形成披肩式袖子。（图 4-23）

（七）膨大多层裙

使用多层衬裙，膨大裙摆是浪漫主义时期女裙的主要特征。1830 年以后，裙子的体积越发增大，这段时期裙子下摆膨大不是采用过去传统的裙撑，而是使用多层衬裙实现裙子膨大的效果，衬裙数量通常为 4—6 层，极盛时期可达 30 层之多，使女装下半部越来越厚重，严重影响女性腰部的纤细效果。后来，人们开始使用麻尾衬，用麻和马尾交织编成的一种钟形衬裙，裙子表面的装饰也越来越多，裙长又一次长及地面。由于裙子的膨大化，再次出现了文艺复兴时期以及 17、18 世纪曾出现过的罩裙在前面A 字形打开，露出里面的异色衬裙的现象。（图 4-24）

四、浪漫主义时期主要服饰

（一）发型

男子发型以短发为主，但 1827 年，时髦的纨绔子弟中出现一种叫做"普多尔"（Poodle）的幻想性装束，这可说是现代蓄长发的年轻人的始祖或先驱。他们穿着腰部

图 4-25 普多尔　　　　图 4-26 女子发型

有大量碎褶的白色宽裤子,夫拉克领子很高,腰细,里面穿着条纹衬衫,乱蓬蓬的长发上歪戴着一顶大礼帽,样子十分古怪。(图 4-25)

女子发型流行中分,头发紧贴头皮,在两侧有发卷的发型,后来逐渐变成在头顶挽发髻的形式,而且发髻越来越高,1830 年前后达到顶峰,人们用铁丝作撑,用长长的饰针固定,上面装饰着羽毛、缎带、蕾丝、人造花等。1835 年起又重新回到基本高度,头顶的发髻随之转移到脑后。(图 4-26)

(二)帽饰

19 世纪 20 年代后半期女子开始流行高发髻,帝政末期出现的女帽"棒奈特"帽山变高,帽檐随之也变大,用鲸须或铁丝作撑。帽子上装饰有羽毛、缎带、蕾丝和人造花等,显得十分浪漫。另外无檐的便帽"开普"(Cap)和来自阿拉伯地区的"塔帮"(Turban)也十分流行,"开普"主要是白天使用,"塔帮"则主要是用于搭配晚礼服。(图 4-27)

图 4-27 帽饰

图 4-28 克拉巴特（领巾）

图 4-29 服饰品

（三）克拉巴特（领巾）

这个时期的克拉巴特（Cravate）比巴洛克时期的克拉巴特更接近现代领带造型，是浪漫主义时期最有特色的服饰品，是男子颈部装饰不可缺少的一种领巾。当时领巾有三十多种系结方法，不同的系扎方法也是贵族绅士们体现个人气质品位的重要手段，其材料多为印度的细棉布和东方生产的丝绸，颜色以黑色和白色为主。（图 4-28）

（四）服饰品

浪漫主义时期的服饰品主要有男子的文明杖和女子的手帕、扇子和阳伞，是不可少的服饰品。手套仍是女士们不可缺少的服饰品，有长有短，主要根据服装袖子造型来选配。（图 4-29）

（五）低跟高帮鞋

浪漫主义时期靴子流行轻骑兵靴和陆军卫兵长靴，高约 15 英寸（约 38 厘米）。在 1820 年末，出现了男女流行穿低跟高帮鞋，鞋帮高出踝关节约 3 英寸（约 7.6 厘米），鞋面用本色布和皮革制成，在脚内侧用带子系扎，鞋尖细长。19 世纪 40 年代中期以后出现有松紧布的便鞋。（图 4-30）

图 4-30 低跟高帮鞋

第三节 克里诺林时期服装（1850—1870 年）

一、克里诺林时期社会文化背景

1852—1870 年，法国处于近代史上第二帝政时代。拿破仑三世的第二帝政几乎摧毁了二月革命的一切民主成果。19 世纪五六十年代，法国资本主义得到迅速发展，完成了工业革命，1867 年巴黎的博览会标志着法国在世界工业上的先进地位。60 年代，法国国内反对派力量日益壮大，工人阶级与帝国政府严重对立。1870 年帝国根基已经动摇，普法战争的失败为其敲响了丧钟。

英国此时正值维多利亚女王执政时代，是英国工业革命取得辉煌成果并称雄世界的时期。1851 年 5 月，维多利亚女王主持了伦敦万国博览会的开幕式，这个博览会展出了近一万四千件工业产品，包括汽锤、水压机、工作母机、铁路设备、望远镜、照相机、各种花色的纺织品等。正如恩格斯所说："不列颠的贸易达到了神话般的规模；英国在世界市场上的工业垄断地位显得比过去任何时候都更加巩固；新的冶铁厂和新的纺织厂大批出现，到处都在建立新的工业部门。"（《世界近代现代史》上册）

由于英法资本主义的发展和法国第二帝政宫廷的权威，流行的主权又一次从名演员那里回到宫廷。拿破仑三世的妻子欧仁妮（1826—1920 年，图 4-31）和奥地利伊丽莎白皇后即茜茜公主（1837—1898年，图 4-32）在当时并称为欧洲两大美人，同时她们也是引领上流社会时尚潮流的知名人物，她们活跃于高级社交界，宫廷服饰也几乎是以她们为中心。她们气质优雅，感觉敏锐，对当时的流行影响很大。在当时，女性参加劳动不被认可，纤弱、面色白皙、小巧玲珑、文雅可爱才是人们追

图 4-31 欧仁妮

图 4-32 茜茜公主

图 4-33 沃斯

求的目标。由于这个时期女装上大量使用裙撑"克里诺林"（Crinoline），故服装史上把这段时间称为"克里诺林"时期。又因女装复兴了上个世纪的洛可可服装趣味，因此又被称为新洛可可时期。

这一时期科学技术飞速进步，有机化学迅速发展，化学染料问世，大批量生产的廉价衣料大大丰富了人们的服饰生活。缝纫机的出现对成衣制造业更是具有划时代的意义。在缝纫机问世的同时，美国人巴塔利克（Butterick）于 1863 年开始出售服装纸样，这种用来裁剪衣服的样版，是量产概念的基本要素之一，过去那遮盖不同体型的衣服都是量体裁衣制成的，而这种纸样则是后来规格化、标准化的成衣产业的基础和萌芽。

这个时期服装史上又一大事件是 1858 年英国青年查尔斯·弗德里克·沃斯（Charles Frederick Worth，1825—1895 年）在巴黎开设了以包括中产阶级在内的上流社会的贵夫人为对象的高级时装店（图 4-33），从此在时装界树起了一面指导流行的大旗，带动和促进了法国纺织业的发展。长久以来，这面大旗把全世界女人的目光集中于巴黎，进一步巩固了这个世界时装发源地的国际地位。

二、克里诺林时期主要服装特点

1850 年以后的法国出现了实证主义和现实主义思潮，浪漫主义时代已经退出历史舞台，取而代之的是"新洛可可"风格，男装的基本样式仍然是三件套的形式，不同的是出现了用同色同质面料来制作，这种穿着与现代西装三件套十分相似。男子流行宽阔肥大的长裤，松松地盖在鞋面上。双排扣的日常服、晚礼服即燕尾服，晨礼服中的克拉巴特领巾逐渐被蝴蝶结所取代。这个时期，服装出现了按用途、场合不同而穿着衣服的方式，这种着衣方式一直沿用至今。

克里诺林时期的女装，十分推崇过去路易十六时期装饰繁缛的华丽样式，追求人体的曲线美，继承使用紧身胸衣和普遍使用加入马尾衬和轮骨的衬裙，最为典型的就是克里诺林（裙撑）的使用，丢弃了浪漫主义时期靠多层衬裙实现裙子膨大效果的笨重样式。从吊钟形到鸟笼形，再到金字塔形，都有明显模仿洛可可时期服饰的痕迹，出现了裙摆直径与身高同长现象，裙子下摆越来越大，鼎盛时期女裙膨大化达到服装历史上最大周长。裙面常采用荷叶边、流苏、缎带及利用面料材质的肌理和襞褶进行装饰，也是该时期一个比较突出的特点。

由于裙子庞大，外出行走不便，遇风容易暴露玉腿，在这个保守时代为避免千金贵妇的尴尬，一般在裙子里面流行穿半截衬裤或长短衬裙。

这一时期女装领子造型继续沿用浪漫主义时期的高领与低领，高领主要是前开襟，用一排或二排扣子固定，女装普遍使用扣子固定衣服就是从这个时期开始的；低领主要采用 V 字形或大钝角造型，上面装饰有蕾丝花边。

浪漫主义时期流行的膨大袖跟造型完全消失，开始流行窄袖跟喇叭造型袖口，袖子用蕾丝或用刺绣的织物一段一段连接起来，类似东方的宝塔造型，故这个时期流行阶层式"宝塔袖"造型设计。

总体上，新洛可可时期的服装特点是男女装向着两个截然不同的方向发展。男装变得更加简洁和注重机能性，同时确立了不同时间、地点、场合的穿着服装模式。女装不仅继承了巴洛克和洛可可的追求曲线和装饰的特点，而且还向着放弃功能、一味追求艺术效果的方向发展。

三、克里诺林时期主要服装式样

（一）男子三件套装

由于科学技术的飞速发展，使人们重视实际，不再沉醉于浪漫的情调之中。19 世纪 50 年代后出现的实证主义和现实主义思潮在男装中有所反映，外套上衣配基莱坎肩，下穿庞塔龙裤子组合成的三件套套装最终得到确立。三件套套装的确立标志有两点：一是使用同色、同质面料制作；二是形成按用途穿着相应套装的习惯，即按社交场合和穿衣时间来选择套装，成为一种礼仪习惯。（图4-34）

图 4-34 男子三件套套装

（二）男子礼服

克里诺林时期男子礼服分为早、中、晚三大礼服，风格迥异，用途各不相同，组合时也有其礼仪上的要求。

一是常礼服，夫罗克·科特（Frock Coat），前门襟为直摆，双排扣，四至六粒扣，衣长至膝稍上，翻领部分用同色缎面，面料一般为黑色丝经毛纬的巴拉西厄礼服呢或精纺毛织物，偶尔也用雪花呢。这种样式因英国维多利亚女王的丈夫普林斯·艾伯特访问美国时穿用，故在美国称作普林斯·艾伯特·科特。

图 4-35 男子礼服

二是晨礼服，毛宁·科特（Morning Coat），如前所述，这种衣服来自骑马服，前襟自腰部斜着向后裁下去，腰部有横切断接缝，后片有一直开到腰部的开楔，开楔顶端有两粒装饰扣，衣长至膝，袖口有四粒装饰扣。

三是晚礼服，泰尔·科特（Tail Coat），即燕尾服。枪驳头，驳头部分用同色缎面，前片长及腰围线，后片分成两个燕尾，衣长至膝，用料为黑色或藏青色驼丝棉、开司米或精纺毛织物。（图4-35）

（三）贝斯顿（男子便服）

贝斯顿（Veston）为男子便装的代表，英国称作休闲夹克（Lounging Jacket），这就是我国人们所称的"西服"。腰部没有横切断接缝，稍收腰身，衣长至臀部，一般为平驳头单排扣，二至三粒扣，也有双排扣的。穿着时显得宽松自如，深受下层男子欢迎，成为外出工作活动的便装，在美国也被称作职业装（Business Suit）。

里面继续配穿基莱，其种类也较多，有领的、无领的，单排扣、双排扣，各有不同用途，一般双排扣基莱多与运动形外衣相配；V形领口的单排扣基莱多用于晚礼服；有翻领的基莱多用于白天的礼服。用料一般与上衣相同，但过去那种用豪华面料做基莱的习惯仍保留着。不过，1855年以后，基莱上那华丽的刺绣被格料或条纹面料所取代。（图4-36）

（四）男式衬衣

这时的男子衬衫领子变化比较明显，过去的衬衫领均为高高地竖起来挡住面颊的立领，现在高度降到下颌以下，变成领尖折下来的立领或像我们今天衬衫的翻领（只是这种翻领可以摘下来），克拉巴特这种从巴洛克时期兴起的领巾逐渐被这一时期的蝴蝶结所取代。（图4-37）

（五）男式筒裤

庞塔龙变成与现代男裤一样的筒裤，但仍比较窄，裤线还不明显。19世纪50年代，裤脚处还有套在脚底的踏脚带，到60年代，这种踏脚裤只用于正式晚礼服。平常的裤长至鞋面，侧缝上出现条状装饰，晚礼服的庞塔龙侧缝上是同色缎带装饰。（图4-38）

（六）比尤鲁奴（带帽外套）

比尤鲁奴（Burnous）为当时流行的一种带兜帽外套，其款式先在妇女中流行，后

图4-36 贝斯顿（男子便服）　　图4-37 男式衬衫与蝴蝶结　　图4-38 男式筒裤

受到男子的喜爱而穿用。一般为长方形在背部收褶，上面连有头巾或兜帽。比尤鲁奴原为阿拉伯人防热防沙的外衣，相传是欧仁妮皇后出访埃及回国后穿过这种款式的外套，引起人们的模仿而流行。（图4-39）

（七）拉格伦·科特（插肩袖大衣）

拉格伦·科特（Raglan Coat）为新洛可可时期男子流行的一种插肩袖式大衣，这种大衣最早源于英国陆军元帅拉格伦男爵（1788—1855年）在一次战争中，为救治伤兵穿脱方便而创制设计的一种袖窿宽大插肩式造型大衣而得名，服式也从此多了一种新的袖子造型款式。（图4-40）

（八）克里诺林（轮骨式裙撑）

克里诺林一词来自拉丁语，原意指马毛、麻类等东西，这

图 4-39 比尤鲁奴　　　图 4-40 拉格伦·科特

里专指用马毛、麻为材料制成的裙撑式样。第二帝政时期由于人们理想的上流女子是纤弱并带点伤愁，面色白晰，小巧玲珑、文雅可爱的。这种标准使得女装向束缚行动自由的方向发展，在女装上追求机能性简直是一种不道德。裙子沿着浪漫主义时期出现的膨大化倾向继续向极端发展，新的裙撑——克里诺林应运而生。（图4-41）

克里诺林俗称"鸟笼裙"，利用细铁丝做轮骨，包裹马毛、麻等材料作为裙撑。克里诺林的使用大大减少了衬裙的数量，但初期的克里诺林是一个圆顶屋形的硬壳，很重，因此出入门时、乘坐马车时都极不方便。1850年底，英国人发明了不用马尾硬衬的裙撑，用鲸须、鸟羽的茎骨、钢铁丝或藤条做轮骨，用带子连接成的鸟笼子状的新型克里诺林。1860年传入法国，受到以欧仁妮皇后为中心的法国宫廷和社交界上流女性的青睐，

进而在整个西欧社交界成为一大流行。新型克里诺林由过去的圆顶屋形变成金字塔形，为步行方便，前面局部没有轮骨，较平坦，后面向外扩张较大，这种裙撑质轻且有弹性，解决了初期克里诺林出入门和乘马车时的不便。

图 4-41 克里诺林（轮骨式裙撑）

图 4-42 带克里诺林的女装

裙子越来越大，下摆直径与身长一样，极端者裙下摆周长可达 9.14 米。与此同时，专门制作裙撑的公司出现，利用当时已普及的时装杂志大做广告，这使得克里诺林广泛地流行于西欧所有国家的所有阶层，从贵妇到农妇都离不开它，大洋彼岸的美国也受其影响。(图 4-42)

这种在女装下半身形成巨大空间的轻型克里诺林，也常给女性带来另一方面的担心，因为如果在室外突然遇到大风，像伞一样的克里诺林很可能被吹翻起来，这将使处于还不允许暴露玉腿的时代的贵妇们十分尴尬，为防万一，这一时期的女内衣除整形用的紧身胸衣科尔塞特和克里诺林以外，淑女们一定要在里面穿上衬裤庞塔龙，再加上长衬裙或短衬裙（Drawers）。同时，巨大的裙撑为女贼存放赃物提供了方便，往往使一些盗窃行为很容易成功，因此这种极端的造型也就遭来了社会舆论的评头论足。克里诺林的流行势头在 1866 年前后到达顶峰，之后开始急剧减弱，因为欧仁妮皇后和维多利亚女王都声明自己不再使用克里诺林。1868 年以后，裙子的膨大状态向身后转移，就像曾在洛可可末期出现的巴斯尔样式一样，出现了波兰式罗布，接着向世纪末的第三次巴斯尔样式过渡。

图 4-43 帕哥达·斯里布

图 4-44 布尔玛裤

图 4-45 女子发型

（九）帕哥达·斯里布（宝塔袖服装）

19 世纪 50 年代，女装上还出现了形似宝塔而得名的帕哥达·斯里布（Pagoda Sleeve）的袖子，这种"宝塔袖"袖根比较窄小，袖口呈现喇叭状地张开，是多用蕾丝或有刺绣的织物一段一段连接起来的特殊袖形。领子为高领，前门襟用数粒扣子固定。(图 4-43)

（十）布尔玛裤（灯笼裤）

布尔玛裤是一种具有东方风格的阿拉伯式灯笼裤，是以美国女权运动的先驱阿米莉亚·布尔玛（Amelia Jenks Bloomer，1818—1894 年）夫人命名的一款新型女装，此裤用料柔软，造型比较宽松，裤长到脚踝，裤脚处用松紧带收口。虽然灯笼裤造型比较普通，但在当时却是种大胆的尝试，遭到美国各方面的非难，而英国却有半数民众比较喜欢，伦敦有一家酒吧还将此裤用于女服务员的制服。另外，随着这一时期女性开始参加体育活动，裤子在女装中时有展现，逐渐地被社会大众所认可。(图 4-44)

四、克里诺林时期主要服饰

（一）发型

男子发型为卷发，盖住耳朵，长及领子，常以 6：4 或 7：3 的比例在头顶偏分，为了保持发型，常使用牛或羊脂加香料调制、精炼而成的各种男用润发油。这个时期，女子发型的最大特点就是染发的流行，由于化工染料的发展，为女性改变发色提供了可行条件。当时发型比较膨大，流行中分式，强调横向走势，从头顶呈瀑布状落下到肩部。（图4-45）

（二）高筒礼帽

高筒礼帽又称"大礼帽"，是法国大革命后19世纪至20世纪初男子的主要头饰，其帽制用圆顶，下施帽檐。不同的时期呈现不同的形状，或呈圆锥状逐渐变细，或帽筒束腰，或帽壁垂直；开始时狭窄的帽檐通常微卷，但从浪漫主义时期后帽檐开始几乎变平。常以黑色毛呢等制作，外出穿着礼服时必须佩戴此帽，为男子庄重帽饰，也是贵族绅士在公共场合身份的象征。这种高冠帽筒发展到新洛可可时期，达到了历史最高程度8英寸（约20.32厘米），可以说这是工业革命带来的高耸入云的烟囱造型在着装上的直接反映，也是现代礼帽的最早形式。（图4-46）

图4-46 高筒礼帽

（三）服饰品

男用服饰品除戒指外，均很实用，如固定袖口、领子上的装饰扣子，固定领巾用的别针、怀表链等，均为金属制品，而贵族名人则在上面镶嵌宝石。另外，单片眼镜、文明杖和亮色手套等也都是时髦绅士的必备物品。手杖是男子外出时最常见的随手携带物，以显示高雅的品位及尊贵的身份地位。从16世纪一直流行至20世纪初。手杖的柄上有金属、象牙、宝石等镶嵌，或用皮革包裹，手杖常用藤、竹和红木等材质制成，结实而又具有柔性。（图4-47）

图4-47 服饰品

（四）鞋子

这一时期的鞋子形制发生了变化，由于女子的裙摆增大，展露秀鞋的机会甚微，过去时髦的高帮低跟鞋不再流行，开始盛行以低帮为主的皮鞋形式，鞋面不再有过多的装饰物，而是采用不同颜色的皮革进行拼贴缝制，用系带孔的变换形式来增加鞋的装饰效果。1822年，美国成功发明了漆皮鞋面材料，1836年又生产出平纹、斜纹棉布加涂树胶涂层技术，为制鞋业带来了革命性的变化，真皮皮鞋受到挑战，新材料制作的新款皮鞋受到人们的青睐。防水和涂胶雨靴面世，物美价廉、材优质佳的雨靴逐渐代替了昂贵而笨重的皮靴。（图4-48）

图4-48 鞋子

第四节 巴斯尔时期服装（1870—1890年）

一、巴斯尔时期社会文化背景

1870年的普法战争，使法兰西第二帝国彻底失败，拿破仑三世被俘，欧仁妮皇后逃往英国，豪华奢侈的宫廷生活成为过去。紧接着巴黎爆发革命，人民群众推翻第二帝国，宣布成立了共和国，历史上称为法兰西第三共和国。1871年，巴黎公社成立，同年著名时装设计师沃斯的高级时装店关门，时装界一度消沉。

这个时代也是欧洲各国科学技术迅猛发展的时代，先后完成了工业革命。1876年，英国人贝尔（Alexander Graham Bell）发明了电话；1877年，托马斯·阿尔瓦·爱迪生（Thomas Alva Edison）发明留声机，1879年发明电灯，1882年发明了电车，1893年发明了电影放映机；1896年，意大利人伽利尔摩·马可尼（Guglielmo Marchese Marconi）发明无线电等。这些发明给人类文明进步带来巨大影响。1884年，法国人查尔东耐（Chardonnet）发明了人造丝，人造纤维的问世预示着人类的衣料文化进入一个划时代的新阶段。1886年，德国人卡尔·本茨（Karl Benz）和戈特利布·戴姆勒（Gottlieb Daimler）设计制造出世界上第一辆三轮和四轮汽车，标志着人类将进入一个汽车时代。科学技术的进步从不同侧面改变了人类长期以来形成的生活方式和审美价值观，对应于社会形态的变革，服装样式也处于向现代社会转变的黎明期。

此时的服装更加注重功能性，19世纪70年代初克里诺林被舍弃，出现了合体的连衣裙式的普林塞斯·多莱斯（Princess Dress），因为普林塞斯的突出特点是臀部突起，这种与18世纪出现过的臀垫巴斯尔（Bustle）相似，被认为是巴斯尔的又一次复活，因此把这一历史时期称为巴斯尔时期。

二、巴斯尔时期主要服装特点

巴斯尔时期服装的最大特点是去掉了庞大的裙撑克里诺林，出现了合体且突出后腰裙撑的巴斯尔式长裙。曾在17世纪末、18世纪末两次出现过的臀垫，又一次复活，流行于19世纪70年代到80年代。

巴斯尔时期的男装仍是上衣、庞塔龙、基莱组合的三件套形式。现代型的衬衣和领带，衬衣领呈有领座的翻领，领口有浆硬的袖克夫。克拉巴特分为大的斯卡夫（Scarf）和小型的耐克塔依（Necktie,领带）。男装（包括女装）分化出市井服（逛街服）、运动服、社交服等，不同场合穿用不同品种的服装。外出穿带有披肩的长袖大衣，腰部常系腰带，还有用毛织物做的短大衣。帽子有软呢帽、硬壳平顶草帽。巴斯尔时期的女装流行上下都很紧身的样式，裙子下摆很窄，迈步行走都有一定的困难，人们常在紧身裙上再配一条异色罩裙，或缠卷在腿部，或装饰在腰部，多余部分集中于后臀部，下摆呈美人鱼一样的造型特点。1883 年，裙子又逐渐变大，巴斯尔样式重新复活，开始用身后凸状的裙撑，随后发展成臀垫，形成夸张凸臀的服装特征。

另一特色就是裙子拖裾，紧身胸衣把胸部高高托起，把腹部压平，强调"前凸后翘"的外形特征，领子白天为高领，夜间为袒露的低领口，裙子后下摆长长地拖在地上，体现出穿着者的身份地位。

强调衣服的表面装饰效果是巴斯尔样式的又一大特征。常常采用褶裥、普利兹褶、活褶飞边、流苏装饰等。同时流行在同套服装中采用不同颜色、不同质地面料相互拼接，相互组合搭配穿着。

19 世纪后期，女装开始向男装造型靠拢是另一大特点。由于社会的进步与开放，女性更多地参加各种体育运动，促进了服装向便于活动功能方面发展，加快了女装现代化的进程。

三、巴斯尔时期主要服装式样

（一）三件套装

19 世纪的男装已经越来越接近今天的西装样式。巴斯尔时期的男装仍然沿用"三件套"：上衣、庞塔龙和基莱组合的三件套形式。新的变化是衬衣领呈现有领座的翻领，袖口有浆硬的袖克夫的形式。庞塔龙流行用条纹棉布和格子呢料制成，裤子款式是臀部和大腿部裤管较宽大，从小腿部开始逐渐缩小，裤口翻边是普遍现象。裤脚翻边据说是起源于18 世纪末。一天，英王爱德华七世到伦敦郊区观看赛马，天忽然下起了大雨。衣冠楚楚的英王担心雨水把自己的衣服弄湿，弯腰把裤管卷了起来。这一卷边不但没有破坏裤子原有的造型，反而丰富了款式。于是在各级官员间开始模仿，后来就作为一种固定的款式流传了下来。而且这时男装（包括女装）开始分化出市井服（逛街服）、运动服和社交服这些不同场合穿用的不同造型款式。但男装款式的变化十分微妙，不像女装那样大起大落。（图 4-49 ）

图 4-49 巴斯尔时期的三件套男装

图 4-50 印巴耐斯·凯普

（二）印巴耐斯·凯普（披肩大衣）

印巴耐斯·凯普（Inveitless Cape）是这个时期一种男用披肩式长袖大衣，此大衣披肩长至腰部以下，中间敞开，不用纽扣系结，披肩盖住两边袖子，腰部常系腰带，下有两个大贴袋。此外，还有用各种毛织物做的短大衣。（图4-50）

（三）克里诺莱特（巴斯尔衬裙）

克里诺莱特（Crinolette）是一种后半部用铁丝或鲸须等做成撑架使之后凸的巴斯尔式衬裙，1870年后，巴斯尔改称克里诺莱特逐渐取代克里诺林。这种长裙因使用凸出后腰的裙撑（即巴斯尔，Bustle）而得名。虽然在历史上已是第三次出现，但巴斯尔这个名称的使用却是在19世纪30年代。随着流行的变化，巴斯尔的造型和名称也不相同。但这种风格的长裙却是沃斯首创设计的。巴斯尔长裙的裙裾缩小，裙摆的一部分束到腰后，并点缀上各种造型的花朵。穿这种长裙正面看是细长的，侧面看突出了胸部和臀部，呈现出优美的S型。衣领多为高领，领口开得很大，露出里面美丽的衬裙，袖子较细，袖口装饰有花边。巴斯尔长裙有上衣和裙子分开风格的裙子，也有连衣裙。裙子上多缀有水平的褶皱花边，层层分明，整套裙子常用二至三种色彩的面料拼接组合搭配，这种造型样式时起时伏流行近20年。（图4-51）

（四）普林塞斯·多莱斯（拖裾长裙）

普林塞斯·多莱斯（Princess Dress）是一种拖裾式长裙，因英国维多利亚女王的长子爱德华七世的妃子阿莱克桑多拉（Alexandra，1844—1925年）喜用而得名，成为巴斯尔时代女装的另一大特征，这种后下摆拖地式长裙逐渐代替了巴斯尔式造型。拖裾

图 4-51 克里诺莱特

图 4-52 普林塞斯·多莱斯

这种形式早在中世纪就已出现，拖裾的长短还被作为宫廷中表现身分高低的标志，在1866年前后，也曾出现过拖地1—2米的拖裾样式。到巴斯尔时代中期，拖裾十分普遍，特别是晚礼服和舞会用服中，拖裾非常流行。与后凸的臀部相呼应，这时女装在前面用紧身胸

衣把胸高高托起，把腹部压平，强调"前挺后翘"的外形特征。这种极端的外形到 19 世纪 90 年代变为优美的 S 形。领子一般白天为高领，夜间多为袒露的低领口。强调衣服表面立体装饰效果是巴斯尔样式的又一大特征。有人称这时的女服为"多种样式的混合"，也有人称其为"室内装饰业者"，因为女装上大量使用了当时室内装饰的许多手段，如窗帘那悬垂的褶襞，床罩、沙发罩缘饰上所用的皱褶或活褶飞边、流苏装饰等，都广泛应用于女装的表面装饰上。（图 4-52）

（五）泰拉多·斯茨（女西服套装）

泰拉多·斯茨（Tailared Suits）是一款男式风格的女西服套装。19 世纪后期的英国正处于维多利亚王朝的鼎盛期，掌握着世界工商业的霸权，在服装方面也不断推出适应时代潮流的新样式，对巴黎的女装也有一定影响。由男服裁缝店模仿制作的男式女西服套装开始流行，女装又一次向男装靠拢，向现代化发展。另外，进入 80 年代后，上流社会女性之间盛行各种体育运动，如高尔夫、溜冰、网球、骑马、海水浴、骑自行车、远足、射箭等，巴斯尔样式无法适应这些运动，女人们开始穿上各种名目的运动服，新的品种到 90 年代更加发展壮大，大大促进了女服的现代化进程。（图 4-53）

图 4-53 泰拉多·斯茨（女西服套装）

四、巴斯尔时期主要服饰

（一）发型

这一时期的发式造型像服装一样强调在后部呈凸起状，头发梳在后脑勺，露出脸部和耳朵，发端扎成髻，卷发或环形辫子垂在肩上，发辫扎得特别松。（图 4-54）

（二）帽饰

先是流行无檐帽，但帽子很小，需要用一条绸带系扎，帽子的绸带在下巴的下面打结。后来有檐帽取代无檐帽流行起来，但帽子上面的丝带、花朵和鸵鸟羽毛装饰仍继续保留。（图 4-55）

（三）耐克塔依（领带）

耐克塔依（Necktie）是一种系在脖子上的领带，是在

图 4-54 发型

图 4-55 帽饰

图 4-56 耐克塔依

图 4-57 鞋子

克拉巴特（领巾）的基础上演变而来的，是我们现代领带的前身。1890年领带的系扎方法就固定下来了，这种领带又被称作"夫奥·印·汉德"（Four-in-hand，意为四头马车），据说因来自英国的四头马车夫系的领带而得名；也有人认为这表示系完后垂下来的长度是四个手宽；还有一说是系领带的动作为四个步骤，因此也被译作"四步活结"领带。在美国称其为"达比"（Derby），是因英国的达比伯爵在赛马场使用而得名。（图4-56）

（四）鞋子

巴斯尔时期的前期，法国妇女流行穿高跟鞋，高跟鞋用优质的山羊皮或其他鞋料制成，有镶边和扣子装饰。进入1880年以后，窄瘦的尖头鞋开始变得时髦起来。同时还出现了两侧嵌有松紧橡胶的半筒靴，或称"高帮松紧鞋"，在美国则称之为"国会鞋"。巴斯尔时期妇女开始普遍穿长筒袜，并知道袜子的颜色和质地与晚礼服、日常装的颜色相统一配套，这是过去服装历史上曾没有过的。（图4-57）

第五节 曲线造型时期服装（1890—1914年）

一、曲线造型时期社会文化背景

19世纪末到20世纪初,欧洲资本主义从自由竞争时代向垄断资本主义发展。英、法、德、美等几个发达国家进入帝国主义阶段。这些列强不仅垄断国内市场,而且不断加剧向外扩张,在全世界争夺和分割国际市场,瓜分世界领土,特别是后起的美、德两国发展迅速。帝国主义之间相互争夺市场和殖民地的矛盾日益尖锐,最后终于爆发了第一次世界大战。

在这个世纪交替时期,艺术领域出现了否定传统造型样式的一种运动思潮,这就是"新艺术运动"(Art Nouveau)。新艺术运动最早起源于法国,迅速蔓延至欧洲各国,从1880年开始一直流行到1910年,其主要特征是流动的装饰性曲线造型,取材于自然界中的植物、虫鸟等优美曲线形态,这种从大自然中寻求主题的新艺术形态,不仅反映于绘画、雕刻等纯艺术领域,而且广泛应用于建筑、室内装饰、家具设计、照明灯具、玻璃器皿、书籍装帧、广告招贴、服装及服饰品等实用美术方面。其目标是打破过去的传统,从历史样式中解放出来,创造一种新的艺术样式。

1900年巴黎的万国博览会上,新艺术运动达到顶峰,并影响到远东的中国和日本。受新艺术流动曲线造型样式的影响,这个时期的女装外形从侧面看也呈优美的S形,因此,西方服装史把这一时期称作"S形时代"或"曲线造型时期"。

新艺术运动兴起后不久,绘画、雕刻上的立体派、未来派和构成主义等各种艺术流派相互渗透影响,也给当时人们的设计思想有一定影响,这些艺术运动可以说是现代设计的先驱。以俄罗斯芭蕾舞在巴黎的公演为契机,异国情调受到人们的重视,中国、日本艺术也引起人们的广泛兴趣。另外一个重要因素就是电影的出现,进入20世纪后,无声电影非常盛行,银幕中主人公演员服装对当时服装界有很大的影响。同时,服装界出现了以保罗·波烈(Paul Poiret)为代表的一批能左右流行方向的时装设计大师,使法国巴黎真正成为世界时装的发源圣地。

二、曲线造型时期主要服装特点

这一时期，艺术领域出现了"新艺术运动"，其主要特征是强调流动的装饰性的曲线造型，如S形、旋涡形、波浪形以及像藤蔓一样的非对称自由流畅的连续曲线，目的是打破过去的传统，从历史样式中解放出来。S形时期的男装总体上仍是三件套形式，造型变化比较小，基莱有个小的翻领，追求与上衣和裤子的同色、同质的统一美。庞塔龙，仍是宽松的长裤。1910年男装使用垫肩，强调横宽，裤子在臀部较宽松肥大，裤口处收窄，呈倒三角形。衬衣和领带十分讲究。衬衣领有硬立领和翻领，硬立领前面有小折角。男子大衣有各种长度，19世纪70年代出现的披风式长大衣用腰带固定，多用于旅行或风雨衣。S形时期的女装却进入了一个从古典样式向现代样式过渡的重要转换期。巴斯尔造型消失，服装外形变成纤细、优美、流畅的S形。所谓S形，是指紧身胸衣在前面把胸部高高托起，把腹部压平，把腰勒细，把丰满的臀部自然地表现出来，从腰部到下摆，裙子像小号似的自然张开，形成喇叭状波浪裙。从侧面看，挺胸收腹翘臀，宛如S形而得名。又因美国画家基布逊喜画这种样式，又叫基布逊外形。S形样式在局部造型上有两个明显特征：其一，将裙子下摆破开用几块三角布纵向夹在布中间，构成四片、六片、八片等多片斜裙，使上半身到臀部非常合体，下面呈喇叭状。其二，羊腿袖的流行。即在文艺复兴和浪漫主义时代的羊腿袖第三次使用，袖根肥大、袖口窄小，上半部呈泡泡状或灯笼状，肘部以下为紧身的窄袖。为了弥补衣裙的造型简洁，常从肩部向腰部纵向装饰几层大飞边。1908年，女装逐渐向放松腰身的直线造型转化，裙子开始离开地面，露出鞋面。此时紧身胸衣在构成技术上取得了显著进步，自文艺复兴以来，历时300余年，一直到19世纪末，女性都以紧身胸衣为伴。女装向S形转化时，紧身胸衣也随之变长，拼接布片的数量减少，臀部插入弹性布，上部越来越短，终于乳罩应运而生，紧身胸衣从此上下分离，变成只负责整理腰、腹、臀的内衣。19世纪末到20世纪初，服装进入一个由设计师主导流行的时代，各家名师相继开设时装店，卡罗三姐妹，以织进金银线的锦缎、绉绸、蝉翼纱和蕾丝等豪华素材，洛可可风、中国风的刺绣，及精美绝伦的制作工艺、独特的设计享誉巴黎；杰克·杜塞（Jacques Doucet）设计的时装色调淡雅、纤细，具有妩媚的女性味和性感的挑逗性；玛德琳·维奥内（Madeleine Vionnet）夫人，发明了斜裁法，让服装模特光脚穿上凉鞋，改良了紧身胸衣，首创露背式展现体形曲线的晚礼服；保罗·波烈，1906年推出高腰身的细长形的希腊风格服装，扬弃了紧身胸衣，结束了自文艺复兴开始，历时300多年强调曲线美的传统审美标准，胸、腰、臀曲线不再是表现女性魅力的唯一手法。1910年，他受中国、日本服饰的启发，又设计发表了宽松腰身、膝部以下收紧，行走不便的霍布尔裙，将女装设计的表现重点从腰部转向腿部，使东方服饰文化得到流行普及。同时这一时期，发型复杂夸张，帽饰宽大笨重，比以前任何时期都要大，而且更加注重装饰，华丽硕大的帽子风靡20世纪初。

图 4-58 曲线造型时期三件套装

图 4-59 男式衬衣

三、曲线造型时期主要服装式样

（一）三件套装

这个时期的男装基本构成仍是三件套形式：上衣 + 基莱 + 庞塔龙。上衣长及臀部，前门襟有两三粒扣子，造型上变化很微妙，几乎看不出来。面料仍以深色毛织物为主。基莱与现在的几乎同型，仅有的区别是有个小小的翻领。基莱已不再是装饰的重点，人们追求的是其与上衣和裤子同色、同质的统一美。（图 4-58）

（二）男式衬衣

套装变化细微的时期，出现了衬衣的重大变革，很快形成现代型的衬衣。正装用的衬衣用料为亚麻布或高质量的凸纹棉布，日常用的衬衣则用淡雅的素色或粉色、蓝色条纹面料，也有用素淡的印花织物的。衬衣领造型有两种，即硬立领和翻领。硬立领在前面有小折角，主要用于正装，一般系黑色或白色蝴蝶结。翻领主要用于休闲便装，系各色领带。（图 4-59）

（三）宽臀窄口裤

庞塔龙仍是宽松的长裤，基本造型一直到现在也没变。只是色彩和外形随时代而变化。19 世纪 90 年代裤口变窄，很方便于行动。到 20 世纪初，随着裤长变短，裤口出现了卷裤脚（裤脚翻边）。裤子变化最明显的要数 1910 年，男装上衣通过使用垫肩强调横宽，裤子在臀部较宽松肥大，裤口处收窄，很像现在的"老板裤"，整体造型呈倒三角形。但 1914—1915 年又流行宽裤口。（图 4-60）

（四）基布逊外形裙（喇叭状波浪裙）

基布逊外形裙（Gibson Girl Silhouette）是一种外形酷似小号的喇叭状波浪裙子。

图 4-60 宽臀窄口裤

图 4-61 基布逊外形裙
（喇叭状波浪裙）

因美国画家基布逊喜欢画这种样式，故称基布逊外形。此裙在局部造型上有两个明显特征：其一是"哥阿·斯卡特"（Gore Skirt），即多片的鱼尾裙，是指为了扩大裙摆的量，形成优美的鱼尾状波浪，用几块三角布纵向夹在布中间构成的裙子，现在人们穿用的四片、六片、八片等斜裙、喇叭裙和鱼尾裙都属此类。这时裙长及地面，从上半身到臀部做得非常合体，下面呈喇叭状；其二是羊腿袖，称作基哥·斯里布（Gigot Sleeve），曾在 16 世纪的文艺复兴时代和 19 世纪的浪漫主义时代两度流行的羊腿袖，这时又一次复活。但有了新的发展，袖子的上半部呈很大的泡泡状或灯笼状，自肘部以下为紧身的窄袖，形成强烈对比。S 形流行了近 20 年，1908 年前后开始，女装向放松腰身的直线形转化，裙子也开始离开地面，露出鞋。（图 4-61）

（五）霍布裙（窄摆裙）

霍布裙（Hobble Skirt）是服装设计师保罗·波烈受到了中国旗袍的启发，设计的一款具有东方风格的裙子。该款裙在 1910 年至 1914 年间风靡整个巴黎城，服装史上把这一阶段称为"霍布裙时代"。这种裙子腰部宽松，膝盖以下则十分窄小，穿上它几乎迈不开步子，所以这种窄摆裙又称为"蹒跚裙"。为了跟上波烈的步伐追求时髦，女子不惜用布条绑住自己的腿，以适应这种蹒跚的时尚。尽管这种款式在行走时有诸多不便，但由于其造型简洁明快，并恰好适于南美洲传来的探戈舞，故风行一时。同时为了行走方便，波烈还在收紧的裙摆上做了一个开衩，这是西方服装史上第一次在女裙上开衩，使深藏在裙中的玉腿开始忽隐忽现地显露，这不仅是一种性感的大胆表现，也是一种暗示，女装设计的重点将向腿部转移。（图 4-62）

图 4-62 霍布裙

（六）S 形紧身胸衣

S 形紧身胸衣是 19 世纪末期出现的一种可以将腹部压平的紧身胸衣，其中以 1900 年嘎歇·萨罗特（Gaches Sarraute）夫人设计的紧身胸衣最为出名。其特征是前面的内嵌金属条或鲸须在腹部呈平直的直线，从胸到腹部造型呈直线形。女装的外形从 S 形向直线形转化时，紧身胸衣也随之变长，拼接布片的数量减少，坚硬的嵌条也跟着减少，臀部插入弹性布。紧身胸衣的向下延伸逐年增加，甚至把整个臀部包裹起来。后来又在这种紧身胸衣的下端装上吊袜带，吊袜带是用缎子包着松紧带制成的，下端装有金属夹子。这种既卫生又实用的紧身胸衣，在 20 世纪被普及，一般穿在连衣裤或长内裤外面。（图 4-63）

图 4-63 S 形紧身胸衣

（七）乳罩

乳罩（Brassiere）又称胸罩、文胸等，是在紧身胸衣的基础上逐渐发展而来的。1859年，一个叫亨利的纽约布鲁克林人为他发明的"对称圆球形遮胸"申请了专利，被认为是胸罩的雏形。1870年，波士顿有个裁缝还在报纸上登广告，售卖针对大胸女性的"胸托"。到了1907年，法国设计师保罗·波烈声称："我以自由的名义宣布束腰的式微和胸罩的兴起。"由此被认为是胸罩的发明人。同年美版《Vogue》出现了"胸罩"（Brassiere）一词；1913年起，就有图片介绍胸罩，称是一种能够独立托起乳房的内衣，它用带子吊在肩膀上。从此胸罩开始被大众熟悉和接受。另一种说法，世界上第一款胸罩是美国玛丽·菲尔普斯·雅各布斯女士发明的。1914年的一天，玛丽为争当巴黎盛大舞会的皇后，心血来潮，用两条手帕加丝带扎成了能支撑乳房的简单胸罩，在舞会上引起了与会人士的浓厚兴趣。一家紧身衣公司老板用高价购买了专利。从此胸罩问世，并很快在全世界妇女中广泛流传，成为妇女卫生保健、身体健美的必需品之一。（图4-64）

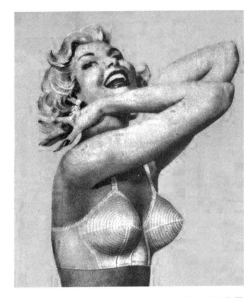

图 4-64 乳罩

四、曲线造型时期主要服饰

（一）发型

20世纪初，由于衣服造型变得朴素、简练，发型和帽饰显得格外重要，以法国为中心，夸张高和宽的发结十分流行。其中一种叫做蓬帕杜侯爵夫人的发型风靡一时，这种发型像帽檐似的伸出额头，头发中还加入假发来造型，各种发辫、束发和发髻都堆在这个发盘上追求发型的变化。到后来的霍布裙时代，大型发髻消失，从头到脚被统一在直线的外形中，头发也被烫卷在头上，发型变小，预示着现代型短发时代的到来。（图4-65）

图 4-65 曲线造型时期发型

（二）巨型帽子

19世纪后期与20世纪初期，帽子十分流行，式样造型也非常繁多。女子外出流行戴硕大帽子，比以前任何时期都要大，而且更加注重装饰。这一时期的女子为了使自己的头发看上去更加柔顺茂密，大量使用假发进行装饰，随之女子帽子也逐渐增大加重，形成硕大的帽饰与细长脖子的反差。为了隐藏巨大帽子与头发之间的空隙，还流行使用一种超长粗帽针来固定帽子。在硕大帽子上面有蝴蝶结、羽毛、鲜花，甚至水果等繁缛的装饰。当时最有名的帽子为"风流寡妇帽"。此款帽来源于当时一部著名歌剧《风流寡妇》中女主人公戴的帽子（选自《二十世纪世界时装》）。当时出门不戴帽子的女子成为"不正经"的标志，戴帽子不仅是时尚潮流，也是一种身份地位的象征。（图4-66）

图 4-66 帽子

图 4-67 头巾式帽子

图 4-68 太阳镜

（三）头巾式帽子

头巾式帽子是保罗·波烈根据阿拉伯服饰文化设计的具有异国情调的帽子。进入 20 世纪以后，科学技术的快速发展，使汽车开始进入家庭，成为人们生活中的重要组成部分。早期的汽车都是敞开式的，硕大繁琐的帽饰已经不适应快速的生活节奏，为避免乘车、运动方便和被强风吹跑，这个时期开始流行头巾式帽子和发带，其造型犹如布帛包头，帽前用珠玉宝石做装饰，这种具有戏剧化效果的帽子印证了服装设计师保罗·波烈对传统服饰挑战的成就。（图 4-67）

（四）太阳镜

19 世纪后期女子户外活动逐步增多，为了阻挡灰尘、遮挡强烈阳光，顺其自然地开始流行戴太阳镜。早期的太阳镜是从空军飞行员的护目镜演变过来的，虽然从造型款式到美观质量都比较简陋、难看，但它却是我们现代新颖时尚太阳镜的鼻祖。它的出现正是基于当时户外乘车和野外旅行的体会与经验。（图 4-68）

（五）鞋子

从 19 世纪末到 20 世纪初，制鞋业发展很快，由于技术的进步，制鞋用缝纫机的开发和使用，使成品鞋子不断得以改良，质量日益提高。各种鞋的尺寸号型齐全，人们可满意地选购到合脚的鞋。这时美国的制鞋业走在了世界前列，其精湛的技术、洗练的造型、舒适的穿着感，使美国产的成品鞋名扬四海。

男子生活的活动性直接影响到鞋类的变化。长筒靴在日常生活中消失，遮住脚踝的深帮鞋，造型与上个时代出入不大。有用扣子固定的，有系鞋带的，也有在鞋口插入松紧布的。正装用的鞋是经过漆皮加工处理的黑色薄底浅口漆皮鞋，还装饰着黑色缎带。另外，自 19 世纪 80 年代以来，运动鞋在男子中普及，有白色皮鞋、牛津鞋、白色帆布与黑色皮革相拼接的运动鞋等。无论是日常用还是外出用，鞋跟都比以前低，向实用化方向发展。（图 4-69）

图 4-69 鞋子

第六节 近代服装小结

综上所述，近代的服装经历了工业革命和法国大革命的洗礼，与近世纪相比发生了很大的改变。男装改变了以往繁琐的装饰，朝着功能化、简便化和舒适化的方向转变。女装在不断重复着以前曾经出现过的经典样式的同时，也被赋予了新的设计元素。

新古典主义前期人们追求简朴和古典风尚，以健康、自然的古希腊服装为典范，追求古典、典雅、自然流畅的形态。到帝政时代，男装又开始恢复奢华的风格，以华丽的天鹅绒、丝绸等为原料，一般资产阶级仍然沿用前期的三件套装束。到了浪漫主义时期，女装的腰线回到自然位置，腰部又被紧身胸衣所束缚，一直到20世纪初被废除，肩部夸张、袖根部极度膨大夸张，裙子靠多层衬裙向外扩张，中央敞开能够看见里面的内层裙子，使服装整体造型形成X型，羊腿袖造型再次成为流行的焦点。此时的男装造型受女装的影响，也开始流行收细腰身，穿紧身胸衣，肩部耸起，但男装的基本构成仍是夫拉克、庞塔龙和基莱的组合。新洛可可时期，女装上开始使用"克里诺林"裙撑，放弃之前使用多层衬裙膨大效果的笨重手法，进入"克里诺林时期"；此时的男装进入TPO着装原则非常讲究的时代。后翘臀垫巴斯尔在19世纪70到80年代又重新登上历史舞台，时起时伏流行了20多年，这段时期被称为"巴斯尔"时期。新艺术运动的兴起，使得人们的审美观发生变化，女装开始追求曲线美和外形的流畅变化，从此服装开始进入"曲线造型"时期。

高级时装业在这一历史时期开始出现，服装设计开始进入了由设计师主导流行的年代。可以说，这个时代是服装史上时装店从产生到发展的高级手工时装时代，服装设计的目的也由原来的御寒蔽体转向了对美的追求和创造。从19世纪末到1914年，是高级时装发展成熟的重要时期，这个时期的设计师也成了时尚的代言和权威。

思考题：

1. 简述新古典主义时期女装的主要特征。
2. 浪漫主义时期的男装有何变化。
3. 名词解释"克里诺林"。
4. 简述现代科学技术的发展对服装的影响。

第 五 章

现 代 服 装

在西方服装史上，现代服装特指从1914年到20世纪末的这段历史时期。这个时期西方文明得到进一步发展，思想形态、社会意识、艺术与科技等都发生了一系列崭新的变革。首先，两次世界大战使妇女从闺房和繁重的家务劳动中得以解脱，成为在政治、经济地位上独立的社会成员，开始从事不同的社会工作，服装也因此开始变得轻便化、功能化。20世纪60年代，随着年轻消费层的崛起，便于活动的裤装终于在女性生活中得以合法化，服饰上的阶级差和性别差也在此时彻底消失。

这段时期，服装文明开始出现国际同化的趋势，同时服装流行呈现出多中心性。世界经济强国的殖民地竞争和两次世界大战使得西方服饰文化在全世界普及，特别是自从资本主义阵营和社会主义阵营相持40年之久的冷战状态结束后，那些西方服饰文化圈以外的国家和地区，也不断主动地加入这种势不可挡的国际大循环中，人类数千年的服饰文明终于在20世纪后半叶，进入繁荣的国际化状态。由于西方服饰文化与世界各地的民族服饰文化最大限度地碰撞，流行变得更加复杂、丰富和多样化。继巴黎之后，又出现了米兰、伦敦、纽约和东京等多格局服装中心。

据有关资料统计，1955年，高级时装业员工总数达2万人左右，而高级时装的消费者也高达2万人左右。这两项数字都创下了高级时装业发展史中的最高记录。经济的繁荣和生活方式的改变，造就了一批如迪奥、巴尔曼、巴伦夏卡、纪梵希、圣·洛朗、皮尔·卡丹等引导潮流的杰出服装设计师。在他们的努力下，创造了20世纪50年代西方高级时装的又一次辉煌。可以说，20世纪的服装文化就是时尚缔造者们的文化，他们代表着不同的时代特征。

应该指出，20世纪的服饰流行主要体现在女装上。因为男装款式变化较小，相对稳定，而女装却在经受各种社会因素和环境变化之后，各个构成要素都发生着千姿百态的变化，呈现出风情万种、浪漫不拘的情景，女装的变化成了社会风云的一面镜子，直到现在人们谈及时装或流行这个概念时，实际上都是单指女装。

第一节 女装职业化时期服装（1914—1929 年）

一、女装职业化时期社会文化背景

第一次世界大战于 1914 年 7 月 28 日奥地利向塞尔维亚正式宣战拉开序幕，于 1918 年 11 月以德、奥等同盟国的失败而告终，历时 4 年多，给人类造成了巨大的损失。此次战争是一次欧洲各国全体国民总动员的大战，男子几乎全部奔赴前线，妇女成了战时劳动力的唯一资源，开始从事各种各样的劳作。战争期间政府呼吁妇女们停止购买由钢托支撑的紧身胸衣，此举可在制作紧身胸衣中节约 2.8 万吨金属用于战事之需。战争改变了女性们的审美和生活方式，她们将身上和家中的珠宝首饰拿出来捐献给国家，为救国贡献自己的微薄力量；同时战争使物资短缺，经济危机、通货膨胀，娱乐生活被缩减。巴黎的高级时装店大部分关门倒闭，大批人员失业下岗，人们生活受到严重的影响，生活在社会底层的老百姓为饥饿而上街游行。这一切都似乎反映出这个时期的不稳定性。

战前，美国厂商常从法国购买设计专利，将其成衣化。战后的经济萧条使美国厂商很少再购买它们，巴黎高级时装店协会逐渐把每年四次的时装发布会改为两次。另外，战后世界范围的女权运动，越来越多的女性在政治上获得与男性同等参政权，在经济上因具有职业而独立的女性也越来越多，职业女装开始登上历史舞台。

1925 年，巴黎举办的"国际装饰艺术展"使新兴的装饰艺术得以成名，这种装饰艺术对服装艺术同样产生了重要影响。它是受新艺术运动、毕加索的立体主义、包豪斯的设计理念、俄罗斯的芭蕾舞艺术、古埃及艺术、美洲印第安艺术、早期古典艺术以及东方艺术影响而生，广泛应用于美术领域和这一时期的产业、建筑、织物及服饰等所有方面，其特征是以曲线和直线、具象和抽象这种相反的要素构成的，强调机能性和现代感的艺术样式，特别是直线的几何形表现，显示出对工业化时代适应机械生产的积极态度，形成现代设计的基础。因此也被称为"现代风格"，一直影响到 20 世纪 30 年代，后在 60 年代末又一次复兴。以简洁、朴素的直线型为特征的 20 世纪 20 年代服装样式明显受这种艺术思潮的影响。

这一时代的审美以瘦长为美，而那些比较胖的女士们，就不得不通过各种体育活动或健美运动以及节食来减肥，以达心目中理想的身材，从而也促进了运动服装和运动休闲服装的设计与开发。另外，贵夫人、阔小姐为追赶时髦也去郊游，参加各种体育活动，皮肤被晒得黝黑，这使得深色皮肤成为当时一种新的时尚。

这一时期，巴黎高级时装业，继沃斯（Worth）、杜塞（Doucet）、波烈（Poiret）、帕康夫人（Paquin）、维奥内（Vionnet）等之后迎来了第一次时装的鼎盛期。被称为第二位服装"变革者"的香奈儿（Chanel）取代了波烈与维奥内、朗万（Lanvin）等一起形成指导世界流行的强大阵营，所以把这一阶段称为"女装职业化时期"。

二、女装职业化时期主要服装特点

战争使人们改变了过去传统的价值观与审美观，社会形势无形地推动了女装向实用的男装方向靠拢，服装设计从矫揉造作的S形中摆脱出来，开始追求简洁、轻松与方便，其特点是衣裙狭长，裙摆离地面越来越高，注重功能性，过去的繁琐装饰被逐渐去掉。此时的服装不再强调曲线美，女性服装向男性服装看齐，乳房压平、腰线的降低，使女性味的中心集中于臀部与小腿部；这个时代理想的美人，就是胸部扁平、苗条细长的瘦骨女人，现今细高的时装模特选美标准即来源于这个时期。

头发由过去的繁杂长发变为流行剪短发，帽子也逐渐变小，帽檐缩窄，附加的装饰品大大减少，甚至几乎没有，变得像一个很深的大碗，倒扣在头上，成为这个阶段最典型的流行女帽。

受东方文化艺术思潮的影响，对传统的紧身胸衣彻底抛弃，流行宽松直腰身的具有东方文化的特色服装，丝绸面料上饰以刺绣，用宽松肥大的"和服袖"替代传统西方的窄筒袖；高领设计不再流行，领口开始降低，逐渐露出脖子。同时喜欢在袖口、领口上镶边，装饰花边式裘皮使简单的外型显得精致。喜欢用鲜明、强烈的色彩，流行大红、大绿、紫色、青莲、橙等色，这无疑也是受东方色彩特点的启迪。

战争期间，由于女性参加社会生产劳动，甚至从军担任战时护士或战争中的其他工作，使得女性服装没有了明显的上下等级阶层区别，大家都穿着相同或类似的制服，没有了任何附加装饰。富有功能性的男式女服在女性生活中得到确立，开创了现代女装制服化、男性化的先河，一直影响至今。

战争结束后，女权运动得到很大发展，越来越多的妇女开始从政并参加各种社会活动，她们的个性得到发展，服装也呈现出丰富多彩的局面，女装逐渐向女性化方面靠近，开始出现袒露胸、颈、手臂的特点，裙子也进一步缩短，为现代收腰连衣裙的设计奠定了基础。女子日常生活中开始流行"化浓妆"，涂唇膏、抹胭脂、擦眼影、涂指甲油等，化妆品广泛用于日常生活中的风气就来自这一时期。

三、女装职业化时期主要服装式样

（一）葆依修（男童式女装）

葆依修（Boyish）是一种男童式女装，又称男学生式（School Boy Type），其样式为外形成管子状的裙装，因其很像未成年的少年体形而得名。它的产生是女装男性化的结果，主要特征是女性的乳房被有意压平，纤腰被放松，腰线的位置被下移到臀围线附近，丰满的臀部被束紧，变得细瘦小巧，裙子越来越短，整个外形呈一个名副其实的长"管子状"（Tubular Style）。当时穿这种新潮装束的勇敢者被称作"夫拉帕"（Flapper，花花少女），她们领导了后来十年间的流行。伦敦也出现了穿着童装样式去参加宴会的帅气的年轻人，反映出人们对传统和大战后充满矛盾的社会体制的反抗精神。（图5-1）

图 5-1 葆依修

（二）杰尔逊奴样式（职业女装）

杰尔逊奴样式（Garconne），又称假小子样式。1922年，法国一位作家发表了畅销小说《拉·杰尔逊奴》，人们便把穿短裙、留短发的职业女性称作杰尔逊奴。杰尔逊奴样式造型简洁修长，宽腰身直筒形，腰线的位置被下移到臀围线附近，丰满的臀部被束紧，变得细瘦小巧，裙长一般短缩到膝关节上下，用褶裥或波浪褶来表现女性柔美和追求功能的方便性，是20世纪20年代典型的女子服装造型样式。（图5-2）

图 5-2 杰尔逊奴样式

（三）牛津裤

牛津裤（Oxford Trousers）流行于20世纪20年代中后期。原为英国牛津大学的学生兰伯特（Lambert）为了顺应20世纪初女装简便化、运动化的趋势而设计，当时牛津大学学生不顾校方的反对，放弃校服穿起了这种宽大的长裤子，故称牛津裤。因裤脚口宽大，形似口袋状，又称为"袋式裤"。此裤脚口宽约30厘米，最宽的可达半米以上，穿起来很舒服。20年代后期到70年代，男子已经不经常穿这种裤子了，却成为了时尚女性的流行服饰。（图5-3）

图 5-3 牛津裤

（四）功能化服装

完全功能化服装的出现是这一时期的突出特点，随着女子从事各种社会工作，为保证充足的体力和良好的身材，兴起了体育运动热潮，紧跟着各种运动服装，如骑马装、网球装、滑雪装、泳装等不断出现。同时运动装中还流行各种长裤、裙裤和短裤等裤装。但在日常生活装中仍然没有裤装的位置，特别是在正式场合，女子穿裤装是不被人认可的。20世纪20年代中晚期出现的这些功能化服装，开创了现代无性别化服装的先例，男女服装款式几乎同样。（图5-4）

（五）小黑衫

小黑衫是盖柏丽尔·香奈儿（Gabrielle Chanel）在这一时期推出的最具影响力的一组女装款式，发表于1926年，当时美国的《时尚》杂志刊登了这件作品，并将其称之为"时装界的福特"。福特汽车当时是全世界销售第一的名车，可见美国人对小黑衫的评价之高。这种小黑衫又称小黑裙，是一种无领造型的连衣裙，整体轮廓为长条直线型，呈现出纯粹、利落、帅气、潇洒的风格。小黑衫采用不同材料的黑色，呈现不同的情感和感受。在这之前黑色只用于丧服，香奈儿为悼念她一生中唯一钟爱过的情人因车祸而去世，她大胆地在服装设计中使用黑色，欲让全世界的人都为其致哀，并演变为这个时期开始流行黑色，使黑色显现出非凡的魅力和时尚，"小黑衫"也得以持久不衰。（图5-5）

（六）香奈儿套装

香奈儿套装，是香奈儿20世纪20年代设计的最典型女性职业套装，其造型简洁、朴素、单纯化，上装多采用无领对襟滚边装饰，下装将长裙缩短到膝盖上下。色彩以黑白色以及各种灰色调为主，迎合了当时大多数职业女性的审美和实用需求，果敢地打破过去传统的造型样式，真正成为女性职业装的开创者，她是那个时期流行的带头人。在20世纪的设计大师中，还没有一位像她的服装作品那样"长寿"的，香奈儿套装已问世近一个世纪。现在仍然保持着原有的风格特征，只是自20世纪50年代以后，面料改为粗花呢。总之，香奈儿小姐是20年代巴黎时装界的女王，人们也常把这个时期称作"香奈儿时代"。（图5-6）

图5-4 功能化服装

图5-5 小黑衫

图5-6 香奈儿套装

四、女装职业化时期主要服饰

（一）发型

这一时期女子流行剪短发，繁琐复杂的长发不再受宠爱，除了老人与贵妇，几乎每一位女性都将自己的长发剪成齐耳短发，与男孩差不多，似乎长发显得与新时尚和周围环境格格不入。同时，生活节奏的加快以及当时电影明星的穿着装扮对发型也有一定的影响。发型变得越来越精致、新颖和多样化。（图5-7）

图5-7 女子发型

（二）克罗歇（吊钟形女帽）

克罗歇（Cloche）是一种吊钟形的女帽，流行于整个20世纪20至30年代初。由于这一时期女子流行短发，使得帽子也变得小巧精致，最典型的就是帽檐很深的吊钟形女帽。由于长发是无法塞进这种小帽子的，使得那些不好意思剪发的女性也都把头发剪短，将短发深深藏在帽子里面，把帽檐一直压到眼部。（图5-8）

图5-8 克罗歇（吊钟形女帽）

（三）长筒袜

20世纪20年代，女子裙长缩短到膝盖附近。裙长的缩短，使女性秀丽的双腿开始显露出来，职业舞女们在舞台上表演的"康康舞"对此大加渲染。设计的重点开始放在双腿的表现上，风靡20世纪20—30年代的却尔斯登舞，使膝盖和膝盖以上的部分时隐时现，双腿的大胆表现也使漂亮的长筒丝袜和鞋的设计更加引人注目。20年代以前冬季主要流行黑色羊毛长筒袜，夏季流行白色或浅色棉线袜，富家女子则穿白色丝袜。后来开始流行穿肉色丝绸长筒袜，丝袜成为赠送情人的礼物。肉色丝袜也被认为是调情服饰，当时为避免过于性感则在肉色丝袜上增加图案纹样，以减弱其肉色视觉感。恰恰相反，丝袜的变化更容易吸引人们的眼球，使得长筒袜更加流行。（图5-9）

图5-9 长筒袜

图 5-10 香水

（四）香水

人们在公元前就已经使用香水了，法国香水最早也于 1533 年诞生于文艺复兴时期，由于法王路易十六的钟爱和拿破仑对香水工业的积极支持，使法国香水得到空前的发展，逐渐成为香水王国。历史上第一位设计香水品牌的服装设计师也是法国人保罗·波烈，他使香水与服装有机地结合在一起。从此，香水成为服装设计的一部分。10 年后，香奈儿第一个推出用自己名字命名的"香奈儿五号"香水（Chanel No.5），此后许多著名的服装设计师都效仿她的做法并延续至今。如"迪奥小姐"香水（Miss Dior）、"伊夫·圣·洛朗鸦片"香水（YSL Opium）等。他们开创了用服装设计师姓名命名香水品牌的先例。（图 5-10）

（五）人造宝石饰品

采用人造宝石装饰服装是这一时期的典型特征，首创者就是著名服装设计师香奈儿。她在服装搭配上改变了长期以来把服饰品的经济价值作为审美价值的传统观念，她认为首饰是装饰服装的，不是炫耀财富的。她教给人们如何用人造宝石来装饰自己，把人造宝石大众化、普及化，把服饰品的装饰作用提到重要位置，使原来作为身份象征的珠宝首饰被纯粹的装饰品人造宝石所取代。她认为个人的服装并不重要，重要的是装饰品和服装的巧妙搭配。（图 5-11）

图 5-11 人造宝石饰品

第二节 军装化时期服装（1930—1945年）

一、军装化时期社会文化背景

1929年，欧洲爆发了严重的经济危机，迅速蔓延至整个西方资本主义国家的各个行业，不仅打击了英、法、德等欧洲国家和日本，就连当时经济强大的美国也未能幸免。历时四年之久，损失惨重。经济危机使时装行业受到严重影响，高级时装顾客人数明显减少，许多时装店被迫关门歇业，大批服装设计师改行，缝纫技工失业回家。走向社会的大批妇女又被迫回到家庭，要求女人具有女性味的传统观念重新抬头，女装又一次出现崇尚优雅的非功能性倾向，20世纪20年代的简洁造型、追求功能方便的服装销声匿迹。

30年代中期以后，随着经济逐步好转，人们的夜生活也得以恢复，夜晚的社交、娱乐活动又活跃起来。在这些场合下，强调形式美感具有特别的意义。

妇女们总希望在公共场合吸引男性，晚会上展示自己妩媚动人的女性一面，于是装饰性极强的女性化服装又开始盛行。

正当各国积极调整政策努力恢复经济时，德国法西斯和日本法西斯一东一西分别展开了疯狂的扩张。1939年9月，德军突然袭击波兰，接着英、法对德宣战，第二次世界大战全面爆发。到1945年德、日法西斯无条件投降为止，历时六年，消耗巨大。第二次世界大战又迫使女性放弃宁静的家庭生活，女装再一次向功能化的男装靠拢，英姿飒爽的军服式女装风靡全球，战争又一次促进了女装的现代化进程。

同时，30年代到40年代，人类的科学技术有了长足发展，化学及化工业的进步，促使合成纤维、合成橡胶及塑料三大合成材料应运而生。1938年，美国杜邦公司发布了新的合成纤维锦纶（尼龙）；1940年，英国人发明了涤纶，各种合成橡胶轮胎大量用于汽车、拖拉机和飞机等现代交通工具，各种塑料投入工业化生产，这些科技成果大大改善和丰富了人类的生活。

二、军装化时期主要服装特点

经济危机使整个西方笼罩在沮丧茫然的气氛当中，这种情绪也影响着女装的流行，从帽子、发型到套装、衣裙都给人沉重向下的流动感觉，为体现这样一种下垂感，衣物多采用优质羊毛、精致丝绸、绫罗绸缎等柔软材料制作；这一时期服装色彩仍然比较保守，广泛使用的黑色、灰色、蓝色面料更增加了这种沉闷的气氛。头发也相对留得比较长，遮住耳朵，这种比较松散、仅在发脚处略加卷烫的发式在20世纪30年代初非常流行。帽子则喜欢偏戴在头的一侧。

经济危机过后，随着经济的复苏，娱乐夜生活的繁荣，开始追求女性化造型的服装，强调形式上的漂亮、华贵以及具有强烈的戏剧化效果，功能性服装不再受重视。妇女们又穿起垂地长裙，甚至穿起用松紧带制作类似马甲一样的新式紧身胸衣。白天与夜晚服装从造型款式到色彩面料，都呈现明显的不同。日装遮盖肌肤较多，晚装裸露肌肤较多，特别是裸露背部的多褶长裙礼服，是20世纪30年代最为典型的特征。这个时期女性还流行穿动物裘皮服装，其中包括豹皮、猴皮、豹猫皮、山羊皮等，以貂皮、狐狸皮为上等精品，通过稀有动物裘皮的华美与高贵，来炫耀自己的身份与地位。同时，讲究在不同的场合穿着不同功能的服装，这种多样化的细分构成这一时期服装的突出特点。

二战期间，人们崇尚威武的军人风度，无论男装还是女装，都流行军服式。总体上流行细长造型，女性裙子又开始缩短，用厚而宽的垫肩大胆地夸张肩部。为了与之相呼应，领子、驳头以及领带也都变宽，前襟下摆角的弧线也变得方硬。在战争的影响下，越来越多的妇女不穿裙子而改穿西式长裤，裤子宽松肥大，上裆很长。不管是贫民还是上层贵族，甚至连英国伊丽莎白女王都穿上了军服式女装，参加各种活动。女装变成了一种非常实用的男性味很强的现代服装。为了适应战争时期环境，结实耐用的平底鞋开始在女性中普及并流行；高跟鞋此时已不适应行走崎岖不平道路和在夜间空袭时奔跑躲藏。

二战后，一些战争中的军服式女装继续流行，但开始出现微妙的变化，腰身变细，上衣的下摆出现波浪，衣袋的设计受到重视。因腰被收细就更显得肩宽，所以战后的军服式被称作宽肩式（Bold Look）。反过来，由于宽肩和下摆的外张也就更显得腰细。战后的流行就这样首先意识到腰线的变化，为1947年迪奥的"新造型"（New Look）女性味的复活埋下了伏笔。

三、军装化时期主要服装式样

（一）多褶垂地长裙

20世纪20年代末到30年代初流行一种多褶垂地长裙，这一时期人们崇尚成熟优雅的女性美，裙子长度由原来膝关节再度长至地面，腰线由过去的臀部回到自然的位置，服装造型多为细长的外形，面料多采用柔软的丝质绸缎，强调自然的悬垂感和流动感，服装整体追求一种修长感觉。垂地长裙成为一种时尚，对于那些赶时髦但生活水平又比较穷困的妇女们来说，只能将过去流行的短裙拼接异质面料，增加裙子长度，在接缝处做镶边装饰，这种用异质面料加长裙子的设计成为20世纪30年代一种常用手法。（图5-12）

图 5-12 多褶垂地长裙

（二）露背装

露背装又称"无后背女装"，是 20 世纪 30 年代初出现的一款很有代表性的晚礼服，这种样式设计重点由 20 年代的腿部一度转移到背部。此裙长垂地，多褶，背部几乎完全裸露。首创者为法国设计师玛德琳·维奥内，这是她用"斜裁法"（立体裁剪）制作的一款晚礼服，利用面料的斜丝裁出十分柔和的适合女性体型的礼服，强调自然的悬垂美感和流动的衣褶波浪。创作时她从来不画设计图，直接运用各种质感和性能的面料，在立体人台模型上裁剪制作。为了便于斜裁设计，她是第一个定制双幅宽面料的设计师。她的设计风格受装饰艺术和东方艺术影响很大，直线的、几何形的、日本浮世绘、和服等元素都可在其作品中找到痕迹，她被认为是 20 世纪初东方和西方服饰文化以新的形式在时装上融合的典范。（图 5-13）

图 5-13 露背装

（三）裘皮服装

裘皮服装是 20 世纪 30 年代流行的一种时髦服饰。当时人们利用动物皮毛制作高档服装和镶嵌衣领、袖口以及装饰衣服边缘等，其中用的最多的是波斯小绵羊皮，其次便是银狐皮，除了镶嵌衣服边缘和制作帽子以外，还利用整张银狐皮制作披肩、围巾等各种附属品，成为贵妇人、阔小姐钟爱的装饰，奢侈华丽的裘皮也是象征身份、展示财富最好的服饰。（图 5-14）

（四）收腰夸臀时装

1938 年，裙子开始短缩，像是预感到战争的降临似的，女装开始强调和夸张肩部，逐渐向后来的军服式过渡。但另一方面，以 1938 年夏初英国女王夫妇访问巴黎为契机，时装界掀起了一阵浪漫主义的风波，出现了非常像 70 年前普法战争爆发前夕流行的晚礼服一样的收腰夸臀式造型时装。到 1939 年，设计师们发表的作品中几乎都朝这个方

图 5-14 裘皮服装

图 5-15 收腰夸臀式时装

向努力，当时的《Vogue》杂志有这样的记载："所有的外形都差不多，就像太阳和月亮一样，看起来好像不同，其实在用紧身胸衣把腰勒细这一点上全都一样，整个巴黎找不到一件不收腰的女装。"此时简直是紧身胸衣的大流行，设计的重点被转移到腰部。（图 5-15）

（五）军服式女装

军服式（Military Look）女装，即从军服上得到启示而设计的具有男性特征的服装，因第二次世界大战使得功能化和制服化的女装流行开来。战前，女装就已经出现缩短裙子和夸张肩部的机能化倾向，战争爆发后以及整个战争期间，女装完全变成一种非常实用的男性味很强的现代装束，这就是军服式女装。军服的款式有陆、海、空三军的各种式样，以肩章、垫肩、带兜盖的贴口袋、金属纽扣和腰带等为特征。在设计上强调直线的、功能的、活动的细部结构。（图 5-16）

（六）儿童风格服装

20 世纪 40 年代中后期出现了一种被称之为儿童风格（Childish Style）的服装。因为是成年人穿着儿童款式的服装，才有了儿童风格的说法。美国设计师克莱尔·麦卡德尔(Claire Mc Cardell,1905—1958 年)是儿童风格服装设计的代表人物之一。1946 年，他设计的娃娃式连衣裙（Baby Dress）风靡美国，后来又影响到欧洲大陆。儿童风格服装主要分为男童式和洋娃娃式两大类：男童式是指从发型到着装整体感觉像个顽皮的假小子；洋娃娃式是指女性味十足的少女装。儿童风格之所以流行是由于战争造成的大量人员伤亡，体现出人们对儿童的关注以及对下一代的重视。（图 5-17）

图 5-16 军服式女装

图 5-17 儿童风格服装

四、军装化时期主要服饰

（一）发型

20世纪30年代开始后，随着经济的逐渐转好，发型也一改过去平板式的短发，打破短发一统天下的局面。性感服饰的出现，随之而来的飘逸长发、大波浪的金色卷发又重新流行。二战爆发后发型主要流行短发，强调实用性，"生存下去"是压倒一切的重中之重。尽管战争残酷，生存条件极其恶劣，人们对美的追求却没有减退，她们总是努力维持着外表的和谐，将头发剪得更短，或盘成发髻，以便与一身戎装更加般配。直到战争接近尾声的时候，人们才开始重新精心梳理自己的头发。

图 5-18 贝雷帽

（二）贝雷帽

贝雷帽（Breat）是一种无檐软质制式军帽，通常作为一些国家军队的别动队、特种部队和空降部队的人员标志。贝雷帽具有便于折叠、不怕挤压、容易携带、美观等优点，还便于外套钢盔。因在第二次世界大战中，著名将领蒙哥马利元帅经常戴着贝雷帽而大放异彩。贝雷帽的历史最早可以追溯到15世纪，当时法国西南部的牧羊人曾经喜欢戴一种用棕色羊毛纺织出的圆形无檐软帽。这种帽子戴在头上可以遮风挡雨，脱下来可以擦汗，放在地上可以当坐垫。后来，法国和西班牙交界处的巴斯克人也开始戴这种帽子，并被人们称作"巴斯克贝雷帽"。现代军队贝雷帽只有在穿常服、作训服和工作服时才能戴。（图5-18）

图 5-19 夹式耳环

（三）夹式耳环

夹式耳环产生于20世纪30年代，夹式耳环无需在耳垂上扎眼钻洞，直接夹在耳垂上即可，摘戴快速方便。这种款型耳环的出现，方便了没有穿耳孔的年轻人，也适应了当时动荡不安的社会环境。（图5-19）

（四）拉链

拉链的最早雏形产生于19世纪末期，由美国工程师维特科姆·贾德森（Whitcomb Judson）发明一种能将两片衣片连接在一起的滑动装置，后来经过工程师吉德昂·森德贝克（Gideon Sundback）改进，并于1913年申请了专利，成为了今天拉链的前身。拉链经过了从笨拙粗糙到灵巧精致的20多年发展，终于在20世纪30年代，由意大利籍法国服装设计师夏帕瑞丽（Schiaparelli）第一个将拉链运用到时装上。从此以后，拉链得到推广并广泛应用，很快在世界各地流行起来，大量用于服装、鞋靴、箱包等之上，这给服装与服饰设计带来重大而深远的影响。（图5-20）

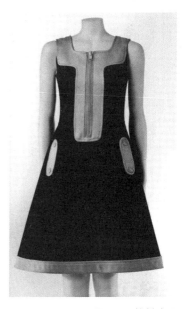

图 5-20 拉链应用

（五）尼龙丝袜

尼龙丝袜是这个时期最为时尚的服饰品之一。1935 年，美国人卡罗瑟斯·华莱士·休姆（Carothers Wallace Hume，1896—1937 年），在杜邦公司实验室主持一项高分子化学研究时，首先发明并制成了聚酰胺纤维，后定名为锦纶，又称尼龙，是世界上首先研制出的一种合成纤维。1939 年，用尼龙纤维材料制成的丝袜首次在纽约世界博览会中展示；1940 年 5 月，以尼龙为原料生产的尼龙丝袜上市销售，畅销美国，以透明、耐洗、抗皱和良好的弹性取代了以前黑色羊毛袜和印花丝绸长筒袜。妇女发现穿上尼龙丝袜后双腿的线条感和光泽感增强，尼龙丝袜顿时成为美感和性感的象征，随即风靡世界，成为女性竞相抢购的商品。（图 5-21）

战争期间，还流行一种"画袜装扮"的独特现象，就是在腿上用颜色画袜子。由于缺少丝袜，许多妇女通过在腿部化妆来实现穿丝袜的效果，先用专用油膏涂抹或用排刷在腿上涂抹所需要的颜色，然后用勾线笔在小腿背面画上一道线，当作袜子的接缝线。有的女子甚至用肉汤得到棕色的效果或用茶叶装入袋中浸泡得到所需要的褐色。在当时女性杂志刊物上还有专门的介绍，教人如何在腿上化妆才能得到逼真的丝袜效果，这种不破洞、不抽丝的"丝袜"成为当时社会底层妇女追求美的最好装扮。（图 5-22）

图 5-21 二战期间妇女当街穿尼龙丝袜　　图 5-22 腿部化妆

第三节 廓形时期服装（1945—1957 年）

一、廓形时期社会文化背景

经过第二次世界大战以后，整个欧洲受到极其残酷的摧残，各国经济都处于崩溃的边缘，上下一片混乱，物资缺乏，失业人群扩大，人民生活极其艰难，心情极度暗淡，处在穷困的重建阶段。许多国家因政治权力斗争，内部分为左右两派，形成对立；工人市民因生存问题，三天两回地举行游行罢工，大大小小的抗议活动不断发生，社会动荡，政局不稳，人心惶惶。

1947 年 3 月，美国总统杜鲁门发表宣言，将世界划分为资本主义国家的自由世界和共产主义国家的社会主义世界两大阵营，使美国与苏联对立，形成以苏、美两大阵营为代表的北约与华约僵持 40 年之久的"冷战"局面，东西方之间的文化交流从此中断，整个世界被笼罩在"第三次世界大战"的阴影之下。

第二次世界大战后，世界殖民地解放与独立运动风起云涌，印度、马达加斯加、北非等世界各地的民族主义者纷纷起来反抗帝国主义的压迫，争取民族独立。1948 年，朝鲜半岛南北分裂，印度国家大会党领袖甘地被暗杀；1949 年东西德国分裂；1950 年朝鲜战争爆发；等等。这一切都使战后的世界极不安宁，国际形势十分紧张，面对这样的局面，已经饱受战争摧残的人们渴望和平，女人希望得到男人的保护和养活，希望过上安逸平静的生活。在这种情况下，法国服装设计师克里斯汀·迪奥（Christian Dior）以敏锐的眼光紧紧抓住时代变革契机和女性的心愿，适时地推出崭新的服装造型，满足了女人们对时尚的渴求，进而领导了从 1947 年到 1957 年近十年的流行，所以这个时期又称为"迪奥时期"。

与此同时，世界各国都在加紧备战，积极研制和开发新式武器和装备，军备竞争促进了科学技术的发展，这种发展也改善了人们的生活方式。电视、喷气式飞机、新的人工材料以及生活用品的"流水线"设计与生产等，这一切均得益于军事技术的研究与开发。

美国的"马歇尔计划"让战后的欧洲经济逐步得到好转，市场的扩大意味着就业率的增加，使人们的经济收入和购买能力普遍提高，现代家庭主妇成为这一时期的主要消费对象。在各种促销广告的推动下，分期付款这一市场营销模式第一次进入了普通老百姓家中。过去上层贵族、演艺明星使用的奢侈品，如今由于现代化的大规模生产，使奢侈产品成本大大降低，低廉的价格使得中低阶层老百姓都能买得起。先进的技术也促进了服装与化妆品不断推陈出新，各种新的护肤品、保养品层出不穷，服装与化妆品市场得到巨大的飞跃，生产商、广告商迎来了百年难得的大好时机。同时这一时期还出现了经过训练的专业化妆模特，代替了以往非专业模特，大大提高了宣传化妆产品的效果。

电影演艺明星以及名人服饰对 20 世纪 50 年代大众服装起到引导流行的作用，特别是格蕾丝·凯丽（Grace Kelly）、奥黛丽·赫本（Audrey Hepburn）、伊丽莎白·泰勒（Elizabeth Taylor）、玛丽莲·梦露（Marilyn Monroe）、马龙·白兰度（Marlon Brando）、杰奎琳·鲍维尔（Jacqueline Bouvier）等的发型、服装、配饰受到众多普通大众的追捧和效仿。

这一时期的时装表演规模也变得越来越大，越来越普及，英国和意大利也像法国一样每年都定期举办时装发布会，吸引世界各地的买主来观看时装表演。同时随着社会经济的复苏与逐步好转，百姓收入的增加，他们也愿意花钱观看时装表演，作为一种欣赏与休闲娱乐。因而，时装表演就成为战后人们生活中很重要的一项内容。

二、廓形时期主要服装特点

"廓形时期"服装的最大特点，就是 1947 年克里斯汀·迪奥推出的"新造型"系列，让紧身胸衣再次回归女性当中。其服装造型为长裙收腰及宽身，具有柔和的肩线，纤瘦的袖型，以束腰构架出的细腰，从而强调胸部与腰部的曲线对比，营造出极其优雅和纤美的女性气质，尽现高雅尊贵的女性美感。与战争期间僵硬的服装造型相比，形成明显的对比反差，受到渴望得到安逸生活的多数女性欢迎，从而迎来战后世界性流行高潮。一夜之间，女装从强调宽肩具有男性特征和战争痕迹的直筒造型样式，转变为象征和平强调女性特征胸、腰、臀曲线的造型样式，使沙漏轮廓成为"新造型"的典型标志，迪奥也就成为了战后时装界的精神领袖。

迪奥时代服装的另一个特点就是强调服装的廓形，用字母 A、H、T、Y、Z 或利用各种植物、物体、几何体外形作为服装设计的元素，每年要推出近千件新设计。由于迪奥一生都在追求服装外形的变化设计，所以将他的这段时代称为"廓形时期"；又因他常用罗马字母外形为其服装命名，故而也称为"字母形时期"。

追求高档，一直以来都是迪奥设计的主要宗旨。服装剪裁精致、工艺制作精细是迪奥时期服装比较典型的特征，同时也带动了技术高超的巴伦夏卡、巴尔曼、法特、纪梵希等一大批服装设计大师。他们裁剪格外严谨，以精致高档为自己设计的原则，从而迎来了 20 世纪继 20 年代之后巴黎高级时装业的第二次鼎盛时期。

强调优雅性感也是这一时期的特点，经过多年的朴素生活与战时物资短缺之后，女性们渴望得到具有柔美曲线的性感服装，鞋型窄瘦而鞋跟尖细是20世纪50年代的典型特征，尖头鞋露脚趾、鞋面用料奢华是最受女性欢迎的样式。

服装用相同的元素材料、相同的风格形式设计的系列成套服装是这个时期又一个重要特点，迪奥是世界上第一个推出个人时装系列的服装设计师，如"新造型"系列、"字母"系列以及各种外形系列服装。从此以后的服装展示都以系列出现，开创了服装设计的系列时代。

三、廓形时期主要服装式样

（一）新造型女装

"新造型"又称"新面貌""新形象"，是迪奥于1947年在巴黎推出以"莱茵花冠"（Ligne Corolle）命名的系列时装时发布的式样，是一种有柔美的肩、丰满的胸和细腰宽臀的女性曲线造型。新造型并不是通常意义的新样式或新款式，它几乎成为当时时代的象征。第二次世界大战后妇女穿着单调：军装化的平肩裙装，笨拙而呆板，带着严峻的战争痕迹。迪奥将这种单调的女装形式变为曲线优美的自然肩形，强调了丰满的胸、纤细的腰肢和圆凸的臀部。这种以细腰大裙为重点的新风貌，突出和强调了女性的柔美，让妇女重新焕发女性魅力。这是迪奥的多年梦想，也是人们对和平、对美的梦想。巴黎人欣喜若狂，整个世界都注视着迪奥，正如当时新闻报界赞誉的，迪奥是最出色的"时装天才"。（图5-23）

图5-23 新造型女装

（二）廓形系列服装

继"新风貌"之后，迪奥每年都创作出新的系列，每个系列都具有新的意味，其中大多数又都是优美弧形曲线的发展。1948年秋的"锯齿造型"；1950年的"垂直造型"和"倾斜造型"；1951年的"自然形"和"长线条"；1952年的"波纹曲线型"和"黑影造型"；到1953年春发表了著名的"郁金香造型"（Tulip Line）。在这一系列的设计中其基本造型线都是由"新风貌"演变而来的，自然肩形和纤细的腰身仍是造型的主要特点，变化其细部，如裙长、袖口、领口等，为每年新款式的重点。其中最著名的"郁金香造型线"，运用花瓣般的饱满曲线围绕胸、肩、背、腹，使身体"像充了气体"那样的富有弹性。（图5-24）

图5-24 廓形系列服装

（三）字母外形系列服装

如果说迪奥的椭圆线、波浪曲线和郁金香线型是"新风貌"的继续，那么H形线、A形线、Y形线便是新时代的产物。它们彻底摆脱了"新风貌"的外轮廓线，重点不再放在曲线上，而是转向松腰、简洁、舒适和松弛。可以说，西方服装史从此进入了"形"的时代。1952年迪奥开始放松腰部曲线，提高裙子下摆，1953年秋"圆

图 5-25 H 形线　　　　　　　图 5-26 A 形线　　　　　　　图 5-27 Y 形线

顶形"系列又将裙底边提高到离地 16—17 英寸（约 40 厘米）。1954 年秋，迪奥发表了"H 形线"一组更为年轻的造型，腰部不再受到约束。当时美国《哈泼市场》杂志的时装编辑发回美国的电稿称，"H 形线"是比"新风貌"更重要的发展。时装界声称又一种新的女性诞生了，妇女将从无用的细节中解放出来。（图 5-25）

1955 年春，迪奥发布了又一重要设计"A 形线"造型，他收小肩的幅度，放宽裙子下摆，形成与埃菲尔铁塔相似的"A"字形轮廓。从而实现又一个飞跃，即从细腰宽臀到肥腰的几何形造型。《时尚》杂志称"A 形线"是巴黎最负众望的线条，这是自毕达哥拉斯以来最美的三角形。虽然此话言过其实，但这种造型却在 20 世纪 50 年代最为风行。（图 5-26）

同年秋，他发表了"Y 形线"。次年春发表的"箭形设计"再次获得喝彩。1957 年，迪奥设计室成立十周年，他的最后两个系列是"自由形"和"纺锤形"，在造型上已经完全不同于"新风貌"的外部轮廓了。迪奥的设计重要的一点是他对服装造型线（即外轮廓线）的把握，无论是"新风貌"还是"A 形线"都是从整体入手的，亦是代表 50 年代的潮流之力作。他始终保持着风格，即典雅的女性美，这种风格一直影响着他的继承者和追随者。（图 5-27）

（四）卡布里裤（紧身中裤）

卡布里裤（Capri Pants）是采用立体裁剪设计的方法、不用腰带或拉链固定，选用绵绸等柔软面料制作的贴身裤装，长度多为七八分为宜，一般都不会超过脚踝，是由意大利设计师艾米里欧·璞琪（Emilio Pucci）在卡布里岛度假时，从当地渔民卷起的裤腿服饰得到灵感，设计了方便舒适的卡布里裤。这种裤子最早流行于20世纪50年代的意大利，当时的女孩喜欢骑着小型摩托车出门，飞速穿过狭窄的石子街巷时，她们需要一种既不会飞起也不容易卷入车轮的裤装。这种贴身的、长度仅到小腿肚的卡布里裤自然成了最佳选择。这些骑小型摩托车的女孩被称为"速可达女孩"，代表着当时年轻、独立而且时尚、自信的新女性们。同时，这种介于休闲裤与西裤之间的修身设计恰好能凸显女性腿部的曲线，露出的脚踝，带有一点性感。特别是受到奥黛丽·赫本在50年代出演的影片《罗马假日》和《龙凤配》当中穿有卡布里裤，且都搭配一双平底芭蕾鞋，成为那个年代年轻女性钟爱的服饰造型，至今许多明星、时尚名媛仍然喜欢穿着这种裤子。（图5-28）

图 5-28 卡布里裤

（五）比基尼泳装

"比基尼"（Bikini）是指女性游泳时穿的一种上下分离泳衣，是由两位法国设计师杰克·海姆（Jacque Heim）和路易·里尔德（Louis Reard）最早设计发明的。海姆早在1920年就曾以设计海滨服装出名。1946年她又设计了一种简单的两件套分离式泳装，上装比胸罩小，下装比三角裤小，分别用带子固定在身上，并起名为"原子"（Atome）。同年6月30日美国在太平洋比基尼岛试验爆炸原子弹。几天后，路易·里尔德将自己设计的胸罩式上衣和三角裤式泳衣抢先申请注册"比基尼"名称专利，并雇用应召女郎做模特，在公共场合为其展示他的泳装作品。当时他们的设计引起的轰动不亚于美国在太平洋比基尼珊瑚礁上进行首次核试验所产生的影响，所以媒体就将这种泳装称之为"比基尼"。比基尼泳装虽然出现在1946年，但在欧洲真正流行是在50年代，美国人直到1965年才接受这种款式。在过去半个多世纪里，比基尼泳装一直为女性时尚服饰的标志，被誉为20世纪服装界最伟大的"发明"之一。（图5-29）

图 5-29 比基尼泳装

（六）无带胸罩

无带胸罩（Strapless Bra）是一种无肩带型的胸罩款式。战后女性胸部成了时尚的焦点，人们开始注重胸腰臀曲线的变化。随着无带式晚装的兴起，无带胸罩也随之应运而生，成为当时一大发明。因为在此之前，胸罩的缝制辑线与工艺都比较繁琐。富商霍华德·休斯（Howard Hughes,1905—1976年）发明了历史上第一副衬垫胸罩，并在1941年的影片中，由电影明星推广流行。到了1949年，一位美国内衣设计师发明了一种没有肩带、没有系扣的新型胸罩，从此无带胸罩开始在美国流行，后流行于欧洲各国。（图5-30）

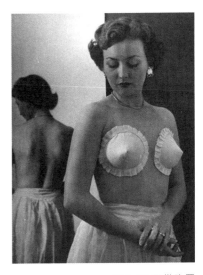

图 5-30 无带胸罩

图 5-31 赫本发型

四、廓形时期主要服饰

（一）发型

20 世纪 50 年代妇女的发型变化多端，总体上讲比较简洁，无论长发还是短发都十分流行。短发则是根据头型走向梳剪，从头顶正中或侧面分出发路，有时还留有直或略曲的刘海；留长发的妇女则喜欢向后梳理，然后在头顶或后颈处挽成一个蓬松的发髻。年轻的姑娘则喜欢用发带把头发在脑后扎束，自然下垂。当时的电影明星奥黛丽·赫本就比较喜欢这种马尾式发饰，它成为整个 20 世纪 50 年代发型流行的主角。（图 5-31）

（二）化妆

由于发型比较简单，帽子造型又比较小，所以脸部化妆就显得尤为重要，这时的化妆还是突出眼睛和嘴唇，眼睛除了画得大而分明之外，还流行使用蓝色的眼影膏和假睫毛。眼线液和眼线膏也在这个时期首次出现。除此之外，眼影笔、眼影霜、防水面膜和眼部卸妆产品等都非常流行。嘴唇化妆讲求精细，口红涂抹以浓艳为时尚。（图 5-32）

（三）匕首跟

匕首跟是与迪奥一起工作的女鞋设计师罗杰·维维尔（Roger Vivier）在 20 世纪 50 年代中期首创的款式，其鞋跟造型是一种又长又细，形似长钉状，又如文艺复兴时期刺客所用的一种刀刃很窄的匕首，故称"匕首跟"。由于战后经济的复苏好转，人们向往美好的生活，开始追求高雅与性感的造型，匕首跟这种款式的鞋正好满足男女激情的心理需求。1955 年，他又推出了具有争议的"针状跟鞋"和"冲击跟鞋"，使匕首跟鞋越来越流行，直到 1958 年前后到达高峰，同时也开创了细跟鞋损坏木地板的最高纪录。这一时期用丝绸或缎料制作的尖头露趾凉鞋是最为流行的女性晚装鞋。对 20 世纪 50 年代的女性来说，高跟鞋就像一把尖锐、性感、致命的匕首，更是性感的代名词。（图 5-33）

图 5-32 美容化妆

图 5-33 针状匕首跟鞋

第四节 叛逆时期服装（1958—1973 年）

一、叛逆时期社会文化背景

20 世纪 60 年代被称为"叛逆的 60 年代"，又称"动荡时代"，是"反文化（Anticulture）"的时代。传统的文化形态、价值观念、思想意识，乃至时装上的典雅主张都被抛弃，整个社会思维方式发生了很大变化。新思想的出现、新艺术模式的出现，波普艺术、摇滚乐、嬉皮士都产生于这个时期。

二战结束后，大批男人从战场返回家乡，与自己心爱的人团聚，瞬时间大批的战后婴儿降生。随着经济的好转，这批孩子们在没有硝烟战火的环境下，过着无忧无虑的生活，从出生就没有受过父辈经历的苦难生活，从小学到大学都受过良好的教育，毕业工作后，又具有比父辈更优厚的待遇与工资，脱离父母居住监管环境，加之独立的经济来源，不再依靠父母的经济支持，就有了独立思考问题和发表与父辈不同声音的资格，敢于否定过去传统的审美价值观。进入 20 世纪 60 年代，战后陆续出生的婴儿逐渐长大成人，步入了青春叛逆期。他们人数众多，精力旺盛，喜爱尝试任何新鲜的事物，喜欢与政府和传统标准唱反调。追求离奇、怪异、另类的时尚事物，无论是各国的反战运动还是叛逆传统，青年人都成为主要的推动力，这也是社会动荡的主要原因之一。

1963 年，越南战争爆发，使美苏两大阵营对立加剧，全球的反战情绪高涨，美国的民权运动、欧洲的激进思想都给社会带来不同程度的冲击。同时 20 世纪 60 年代西方现代社会经济迅速增长，消费产品丰裕，消费观已不同于战争中的父辈节俭的生活观念。青年人对父母、教会、师长都不再崇拜，反权威成为主流。两代人的代沟冲突激烈，从一系列社会事件中都可以看出，青年人反对社会的权威，反对他们父辈的价值观已经成为主要的思维趋向。

20 世纪 60 年代以嬉皮士为代表的反文化运动在西方兴起，他们要冲破传统的束缚，挑战权威，于是在它的影响下摇滚乐和性解放开始兴起。同期，著名的《花花公子》杂志也在美国发行。这股"性解放"的思想，影响年轻人的家庭观、婚姻观和贞操观，

图 5-34 20 世纪 60 年代的嬉皮士　　图 5-35 阿波罗登月

乃至传统两性在家庭中的角色分工也发生根本变化，未婚同居成为主要的方式。性滥交开始出现，对配偶的忠诚被视为落伍，青年急于表现自己的选择权，反文化运动在反对资产阶级政治体制的同时，提倡人们努力去做一切符合人性需要的东西，因此大麻、人造合成迷幻剂也长期与之伴随。（图 5-34）

人类对太空的征服与高科技的运用，对时装创新发展起到了很大的促进作用，1961 年苏联宇航员尤力·加加林（Yuri Gagarin）第一个进入宇宙太空被载入史册，1968 年美国阿波罗飞船载人又登上月球（图 5-35）。电视普及到大众家庭，电脑开始运用于民间，新型面料的开发与高级成衣的崛起等，标志着一个新时代的到来。

新的经济奇迹也促进了新的消费方式，文化、时装、旅行、摇滚乐成为年轻人消费的主流。香奈儿时装已经成为过去式，迪奥造型也被青年人不留情面地抛弃，品位高雅的时装不再受欢迎。年轻人追求的是伊夫·圣·洛朗的标新立异时装、安德烈·库雷热（Andre Courreges）的未来主义系列时装、玛丽·奎恩特的叛逆时装与服饰等，这些深受当时青年人的喜爱与追捧。

二、叛逆时期主要服装特点

20 世纪 60 年代是时装"爆炸"的时期，服装发展的最大特点就是流行速度加快，流行周期缩短，服装设计朝着简洁化、几何化、年轻化方向发展，在全球掀起了一场"年轻风暴"时代潮流。生于战后的年轻一代，除了反战、反现行体制等思想内容外，对传统反抗的方式是向传统服饰禁忌挑战，平胸如板成了时尚，瘦弱型少女身材成为审美的标准。牛仔裤、迷你裙、喇叭裤、不戴胸罩等现象风靡西方世界各国。年轻人的服装开始流行追求个性穿着，各种造型的中性服装、女士西装与长裤也得到社会普遍认可。

同时，60 年代也是一个"性"解放的时期，传统的道德观念、审美标准被颠覆，男女性别禁忌被打破，着装开始暴露肌肤，性感指数大大增加，各种超短裙、透视装、无上装、虐待风格服装等开始在年轻人当中普及流行，后来蔓延至世界各地各个阶层，形成 20 世纪最精彩、最富有变化个性的一个时期。

60 年代中后期，在美国又出现了"嬉皮士"运动，对现实生活感到失望的年轻人，精神十分空虚，过着玩世不恭的放荡生活，成天沉醉于爵士乐的节奏和性放纵以及麻醉药物当中，极力追求富有异国情调的东方宗教的极乐世界，各种另类服装造型纷纷出现。男女开始流行长发，男子蓄留长须，上着棉质夹克，下穿牛仔裤，衬衫不打领带。女子穿黑色紧身上衣，不涂口红，只涂抹色彩浓重的眼影。后来，这种非暴力的反传统行为模式，影响到了英国，随后波及西欧各国，这给时装界又带来了全新的时尚风貌。

随着美国阿波罗飞船登月成功、高科技面料研发不断出现，各种前卫时尚系列服装不断涌现，银白色涂层面料的太空系列服装、宇宙服风格以及金属服装、塑料服装、铝箔服装、纸质服装等各种非织物面料服装接连出现。极简主义的设计风格也应运而生，它被称为"未来主义"，而安德烈·库雷热、皮尔·卡丹、帕克·拉邦纳（Paco Rabanne）等便是时装界"未来主义"的鼻祖。

60年代后期，随着"年轻风暴"达到顶峰，而法国又处于全国总罢工的风潮下，巴黎高级时装业又一次受到沉重打击，高级时装用户锐减，各大品牌时装店销售利润直线下降，许多名店入不敷出，赤字经营，面临着倒闭的困境。在这种特殊的境况下，许多高级时装店纷纷调整设计方向，向高级成衣业发展，批量的高级成衣生产，不仅用料讲究，而且裁剪、缝制技术和工艺流程也部分继承原先高级时装的特点，使其成本降低，促成了广大的普通百姓也能穿得起高级时装。同时，也促进了高级成衣业的崛起，扭转了高级时装为少数人服务的传统设计思路，使时装业进入一个多样化的时代。

三、叛逆时期主要服装式样

（一）宽松式服装

20世纪50年代末至60年代初的这段时间，是西方社会思潮发生变化的开端，新思潮开始涌现，传统的文化形态受到挑战，社会文化进入动荡的时代。这一时期的欧洲时装发生了显著变化，着装不像以前那么紧身了，"新风貌"装逐渐被小布袋外形装所取代，女装进入单纯化和轻便化为主要特征的时期。60年代以后，服装不再强调合身，而是讲究舒适、随意。所以，60年代由美国设计师邦妮·凯瑟琳设计的一系列宽松式大衣受到了广大女性的欢迎，成为了主导大众消费的主要服装款式。（图5-36）

随着随意性服装的流行，服装的功用性类别变得模糊化，原来上班、赴宴、参观、会友、居家等不同的场合需配不同的服装，但对于60年代的人们来说似乎没有必要那么讲究了，当时许多人穿同样一套衣服出入于多种不同场合。舒适、随意的服装在结构设计上趋于简单，款式的变化通常是在领形、口袋以及色彩、图案和材质方面。为了穿出个性化的简单款式，利用匹料布裁剪制衣物的情况逐渐少见，利用丝网印花工艺印制件料服装和具有难以复制性特点的手工印花服装如扎染服装等渐渐多了起来。

图5-36 宽松式服装

图 5-37 嬉皮士风格着装   图 5-38 波普艺术服装

（二）嬉皮士服装

"嬉皮士"是英文 Hippie 的译音，原指西方国家反传统和当政的年轻人。20 世纪 60 年代中期，"嬉皮士"运动在美国旧金山兴起，并以不可阻挡之势席卷全球。这种独特的文化现象不仅对西方文化产生深远影响，对服饰穿着也有很大影响。他们反对传统的基本服装样式，而从北美印第安人的图案和东方服饰文化中寻找自己的理想服装样式，其穿着特点，不论男女都是乱发披肩，男子蓬松胡须，女子常在头上插花戴朵，甚至在脸部也装饰纹样，眼部化妆非常夸张，五彩缤纷的头发都呈放电状四射；服装造型比较奇异古怪，喜欢穿带流苏的喇叭裤、破烂的披肩、宽松的拖地长裙；服装色彩多种多样，使人眼花缭乱；男女均喜欢佩戴大量的念珠、手镯、各种戒指等，这些反潮流的装扮开创了这个时期一种全新的服装风格。（图 5-37）

（三）波普风格服装

波普（POP）艺术风格源自 20 世纪 50 年代初期的英国，但却鼎盛于 50 年代中期的美国。"POP"是"Popular"的缩写，意为"通俗性的、流行性的"。波普艺术（POP Art）从某一方面来说，可以理解为流行文化和大众趣味，它是 50 年代一些年轻的英国艺术家试图以大众文化来反对现代主义艺术纯粹性的结果。波普艺术多以社会公众形象为创作主题，如各种商业广告、电视或连环画中的人物等，这其中，安迪·沃霍尔（Andy Warhol，1928—1987 年）以玛丽莲·梦露、美元图案、可口可乐瓶等元素创作的作品，已成为波普艺术的开创性经典，并被无数次地印在 T 恤衫上，给 20 世纪 60 年代的时装界带来很大的启示和影响。（图 5-38）

（四）超短裙

超短裙（Skimp Skirt），又称迷你裙（Mini Skirt），通指下摆在膝盖以上的短裙。1959 年，

图 5-39 超短裙

英国设计师玛丽·奎恩特首先将其发布在画报上。在迷你裙刚出现的初期并没有受到重视，然而由于玛丽·奎恩特的时装店在"摇摆伦敦"时尚圈的核心位置，再加上她本人在服装设计界的影响力，迷你裙很快风靡伦敦街头。1962 年，她设计的第一个系列刊登在美国的《时尚》杂志上，立即受到了当地青年的欢迎。次年，奎恩特的"活力集团"公司宣告成立，以"超短裙"为代表的少女时装猛烈地冲击着世界时装舞台。1965 年，奎恩特进一步把裙下摆提高到膝盖以上 4 英寸（约 10.2 厘米），这种被誉为"伦敦造型"的小裙子终于成为国际性的流行样板，被青年人狂热追崇。成年女性也以惊羡的目光接受了这一变革，各种款式的迷你裙装应运而生。

法国设计师安德烈·库雷热 1965 年设计的春夏时尚服饰潮流系列，把迷你裙引领到了上流社会的服装店中，使迷你裙有了更高的社会地位，而不仅仅是一种街头的流行服饰，使超短裙变得越发流行了。为此他被设计界誉为"超短裙之父"。新一代的设计师皮尔·卡丹、圣·洛朗等也都相继推出风格各异的超短裙系列。1966 年，当时的时尚偶像美国第一夫人杰奎琳·肯尼迪（Jacqueline Kennedy）把穿着迷你裙的照片刊登在《纽约时报》上时，这种短小青春的时装被给予肯定地位。1966年也因此成为"迷你裙年"，成为当时性解放、女权运动的最佳广告。（图 5-39）

（五）透视装

透视装（See-through Look）亦称透明装，指现代妇女的一种衣着风貌。其特征为着装者不穿或尽量少穿内衣，仅穿质地轻薄透明或镂空的外衣。最早由出生于维也纳的美国设计师鲁迪·格瑞奇（Rudi Gernreich，1922—1985 年）于 1964 年设计推出的一款透视"居家衫"；1965 年，法国设计师安德烈·库雷热推出无内衣连体裤装；1966 年，圣·洛朗又设计推出了"透视女上装"轰动一时。到了 20 世纪 60 年代后期，又衍生出男士薄纱"透视衬衫"的流行，使透视装从舞台、荧屏和海滩逐渐走向大街，而不会引起非议。（图 5-40）

图 5-40 透视装

图 5-41 无上装

图 5-42 蒙德里安系列服装之一

图 5-43 吸烟装

（六）无上装

无上装（Monokini）又称"上空式泳装"，是美国设计师鲁迪·格瑞奇于 1964 年原创设计的一款单件比基尼，其造型是上半身由两条 V 形肩带通过两个裸露的乳房中间连接腰部以下紧身短裤。这款设计最早刊登在 Look 杂志上，随即震惊了服装界和时尚媒体，遭到妇女俱乐部与教会的强烈谴责，并受到政府的否定与封杀。虽然当年夏季销售了 3000 多件单件比基尼泳衣，但这款设计在美国并没有非常成功。根据资料记载，当年在美国芝加哥一名年轻女性因在公共海滩穿着上空式泳装，被罚款 100 美元，媒体对此事件的大量报道，使裸露乳房的无上装信息传播到欧洲以及世界各地。（图 5-41）

（七）蒙德里安系列服装

1965 年，设计师伊夫·圣·洛朗推出著名的蒙德里安主题的秋冬系列，他以荷兰冷抽象画家蒙德里安（Mondrian）的几何形绘画作为母体，利用针织面料将抽象绘画中的线条与各种色块有机地编排组合，以单纯、强烈的视觉效果赢得人们的欢迎，展示了圣·洛朗时装艺术的独特风格，开创了服装历史上第一次将时装与艺术巧妙融合的最好先例。同时也出现了数以百万计的盗版风潮，圣·洛朗以此为契机，将设计的重点转移到年轻人的高级成衣上。（图 5-42）

（八）吸烟装

吸烟装（Le Smoking），是 1966 年设计师伊夫·圣·洛朗设计的一套女子以修长西服、加长紧身铅笔裤为特点的晚礼服。在这之前特指上流社会的男士在晚宴结束后，脱下燕尾服坐在吸烟室里抽烟，换上那种黑色轻便装，也叫"烟装"。当时的女性如果穿裤装，往往被跟男性化的女同性恋者相联系。但在吸烟装出现后，女性穿裤装成了法国人最时髦的现象，逐渐被人们所接受，对后来影响深远。其主要元素有：领结、马甲、铅笔裤、粗跟高跟鞋、金属质感配饰、英伦绅士礼帽、修长收身皮草西服、皮手套、褶皱的长丝巾、长筒皮靴等。吸烟装体现的是一种由男士无尾礼服经典设计和细节与女性高雅、柔美等元素完美结合的中性风格，主要表现在硬挺有金属光泽感的质感面料和整体宛如一支纤长香烟的 I 形轮廓。第一套吸烟装的出现标志着一个新服装时代的诞生，从此几乎每年都会推出不同款式的烟装。（图 5-43）

（九）中性服装

中性服装又称"无性别服装"，一词起源于 20 世纪 60 年代，其主要是受到反文化的影响所致，它的出现改变了传统西方服饰以性别作为区隔的规则，是指男女均可穿着同一款式的服装，从服装造型到服装色彩，再到面料图案以及服饰配件，甚

至发型，没有男式、女式的两性区别。皮尔·卡丹和日本设计师三宅一生都是这一时期中性服装设计的主要代表人物。（图5-44）

图5-44 中性服装

（十）非织物服装

在逆反的20世纪60年代，出现了非织物面料服装，以西班牙设计师帕克·拉邦纳（Paco Rabanne）为首的一批设计师，采用各种非织物材料，设计出"塑料女装""纸质女装""铝箔礼服""金属礼服""玻璃晚装"等前卫服装，震惊了世界，被人称为设计"不能穿的时装"，但却得到服装界和演艺界的欢迎。之后又陆续推出了唱片服装、羽毛服装、袜子服装、光纤服装、巧克力服装、蔬菜服装、瓶子服装、儿童玩具服装等，一切在常人看来非正常的材料，都被他巧妙地运用到服装设计当中。他认为服装不只为穿着，还肩负着思想传播的重任。许多著名人士和电影明星都穿他设计的时装，通过各种媒体信息的传播，逐渐被大众接受与认可。（图5-45）

图5-45 非织物服装

（十一）未来服装

未来服装又称"宇宙服装"。20世纪60年代苏联与美国宇航员相继登上太空，不但从科技上改变了人们的生活方式，而且对时尚潮流趋势也起了决定性的影响，激起许多服装设计师们的创作欲望。1964年，库雷热是第一个推出未来主义系列时装的设计师，时装采用新型涂层面料与塑料等，以银白色为基本主调，银色紧身裤（Leggings）搭配白色PVC短靴，而且帽子盔甲等配饰与之相配套，具有太空宇航服的特征，给人一种从未见过的神秘感和未来感，开创了未来主义风格与极简抽象艺术设计风格时装的先例。其后，帕克·拉邦纳运用太空材料掺入衣服做试验；皮尔·卡丹的结构主义设计更是将宇宙风貌推上了一个高峰。后人将他们三人称为时装界未来主义的鼻祖。宇宙服装的基本固定模式为：剪得服帖像头盔的沙宣发型，布料闪着金属银光，采用透明塑胶和大量贴身的皮革。宇宙风貌的基本元素为：象征星际银河的银色和金色、模仿宇航服的高科技布料、利落帅气的剪裁线条、几何图形的剪裁、超迷你短裙、针织连身短裙和高筒靴，构成了那个时代人们审美的主流。（图5-46）

图5-46 未来服装

（十二）高级成衣

成衣（Ready To Wear）是指按照国家规定的号型规格系列标准，以工业化批量生产方式制作的服装。它分为高级成衣和大众成衣。成衣一词产生于20世纪60年代末到70年代初期，当时面料、款式和色彩更加丰富，人们的着装观念也更加肆无忌惮，女性的紧身短裤竟然穿到了办公室里，正规严肃的着装意识受到冲击。这一时期，加工服装的自动流水线已经应用多时，计算机也已应用到生产中计算衣料并裁剪服装，科学技术的飞速发展使得服装业迈向了一个新台阶。

图 5-47 高级成衣

那些根据模特标准尺寸批量生产的现代服装，价格大大降低，很快占领了一个个新的市场。电影电视和插满彩色照片的杂志中，到处都渗透着时尚的影子，当代影星也成为了时尚的代言人。时尚不再是有钱人独占的领域，而社会大多数阶层生活水平的全面改善，使得很多人能够拥有更多的服装。

批量生产是唯一能够以适中的价格提供各种服装的方法，服装企业拥有了越来越完备的机器，生产工具的改善直接促成了销售价格的降低。同时，第一次出现了专门为工业化生产而设计的款式，其被称为"成衣"，而为这些成衣款式进行系列设计的人们也有了专门的名称：成衣设计师（Stylist）。

美国是成衣化的先驱，早在 20 世纪中期以前就已经开始了服装产品的规格化和标准化生产。20 世纪 50 年代，法国成立了高级成衣设计师协会，其中包括皮尔·卡丹、圣·洛朗、安德烈·库雷热等高级成衣设计的前辈，都是协会的成员。由于高级成衣设计柔和了高级时装和成衣设计的特点，大批量的成衣中融入艺术的创造性，从而形成了与沃斯以来一直统领法国的高级时装相对立的局面。到 1983 年，高级时装公司的数目减少到仅剩 23 家。然而高级成衣由于成本的原因，并没有受到占市场购买力近 50% 的年轻人的青睐，他们希望的是非传统的，能够在大街小巷穿着的服装。因此价格相对较便宜，款式相对较简单的大众成衣成了市场的主导。由于成衣的广泛穿用，许多妇女摆脱了家务中的针线活，踏入社会从事不同角色的工作。同时，成衣的出现也打破了服装的等级观念。从某种意义上说，它的兴起和迅速发展几乎主导了 20 世纪后半叶的服装行业发展，因此 20 世纪后期也就有了"成衣时代"的说法。（图 5-47）

四、叛逆时期主要服饰

（一）几何发型

20 世纪 60 年代迎来了年轻人的时代，清新、可爱、充满朝气的年轻人成为时尚流行的主体。随着"迷你化"风潮的影响，女孩的头发越剪越短，其造型长度和男孩头发比较接近，几何形发型就是这一时期典型的发式，而英国服装设计师玛丽·奎恩特则是第一个尝试几何形发型的开创者。（图 5-48）

（二）假睫毛

假睫毛的普遍使用是在 20 世纪 20 年代，到 60 年代成为女性流行的一种时尚。1964 年，假睫毛装饰成为当时化妆界的热点，即使你来不及画眼线，也要用睫毛膏刷睫毛。早期睫毛膏是往黑色当中添加其他的不同颜色，刷在

图 5-48 几何发型

睫毛上，使睫毛看起来更加浓黑。后来人们开始使用假睫毛，即用貂毛或人体的头发做成的睫毛黏贴在原来的睫毛上，可以保持一周左右。而且各种颜色一应俱全，还出现了闪闪发光的假睫毛，女士带上它犹如芭比娃娃。假睫毛与睫毛膏、成套眼影、组合式口红片、指甲油等成为这一时期女性化妆包里不可缺少的物品。（图5-49）

图5-49 假睫毛

（三）多彩口红

20世纪60年代开始流行多彩口红（非红色口红），过去那种单一的红色系列口红，被各种五颜六色的口红所代替，甚至出现了蓝色口红、黑色口红、银色口红、金色口红等，满足了当时叛逆性极强的女孩心理需求，也迎合了年轻人对服饰追求标新立异，求新、求怪的时尚潮流。

（四）无骨袜

无骨袜，又称"袜裤""连裤袜"，是一种从腰部到脚部紧包躯体的服装。20世纪60年代，超短裙风靡全球，裙子越来越短，高筒袜相形见绌，吊袜带被抛弃，袜子与内裤成为一体，弹力连裤袜诞生。各种颜色、各种图案纹样的弹力连裤袜陆续出现，它的舒适度和方便性直到今日还令全球女性对它宠爱有加，经久不衰。虽然少女间流行直接裸露双腿，但在需要穿着正装的公务场合，袜子仍然是必需的。（图5-50）

图5-50 无骨袜

（五）摇摆靴

摇摆靴（Go-go Boots），是20世纪60年代中期跳摇摆舞所穿的一种长度超过膝盖的各种尺寸的靴子。超短裙的流行也衍生出摇摆靴的出现与流行，许多女孩在穿超短裙时往往会搭配一双摇摆靴。颜色以白色居多，鞋跟以低跟为普遍，随后鞋跟逐步增高，发展到70年代以后，摇摆靴的鞋跟可达8厘米之高，成为前卫任性女士的典型装束。

这一时期的年轻人往往在炎热的夏季也会穿上一双摇摆靴，打破传统穿衣季节概念，并以这种令人吃惊的反常规着衣方式为时髦，追求新奇、与众不同；而深秋或冬天则穿一双加厚摇摆靴，不仅能够保暖，而且还会展现自己修长的美腿，因此一直深受当时广大年轻女孩的青睐。（图5-51）

图5-51 摇摆靴

第五节 多元时期服装（1973年—20世纪末）

一、多元时期社会文化背景

在前卫派设计师皮尔·卡丹、伊夫·圣·洛朗等人的带动下，许多高级时装店也都纷纷效仿，逐渐发展壮大，并成立了高级成衣协会，每年都举办两次时装发布会。此外，1963—1965年，一批年轻的高级成衣设计师进入时装界，拥有自己独立创作来源的高级成衣不再是高级时装的副产品，而成为独立于高级时装业以外的一种重要产业。高级成衣业在观念上和组织形式上也形成完全独立的领域，然而这并没有改变西方国家的经济萧条、通货膨胀等现实，人们对20世纪80年代充满着悬念和惶恐，流行也因此呈现出多样化的趋势。

1973年，阿拉伯国家与以色列之间爆发了第四次中东战争，阿拉伯国家采取减少石油产量，提高石油价格的战略方针，以对付西方特别是美国对以色列的支持，严重的能源危机使西方各国都笼罩在经济萧条的阴影之下，石油的短缺引起物价的飞速上涨，人们的生活在政治和经济上都受到不同程度的影响，从而改变了人们过去传统的高消费价值观，甚至产生了"消费不是美德"的极端意识。能源危机使人们将目光集中到了中东地区。

进入20世纪80年代，受后现代主义的影响，时尚潮流变得更加错综复杂了。流行的多元化一方面为追求时尚的群体提供了多种表现自我的可能，另一方面也使人们对流行的理解和把握变得愈加困难，个性化成为设计师与消费者共同追求的目标。在整个80年代，最重要的变化是从推崇宽松肥大的轮廓造型向健康适体的潮流转变。

为了挽救濒临崩溃的高级时装业，维持巴黎在世界时装中的地位，法国政府采取措施将高级时装协会、高级成衣协会和法国男装协会联合组成法国服装联合会，使各协会之间相互促进、共同发展。此外还设立了奖金高达3000万法郎的荣誉大奖"巴黎金顶针奖"。政府大力扶持时装业，并鼓励高级时装到世界各地宣传展示，对于时装出口给予广告优惠补贴，国家电视台免费播放时装广告，为其提供各种优惠条件，国家领导人亲自颁奖给对时装事业有贡献的人员。在巴黎，迪奥、纪梵希等传统的高级时装品牌再度迎来了顾客盈门的繁荣局面，他们设计的高级时装仍然保持了以往的结构特征和装饰手法，而蒂埃里·缪格勒（Thierry Mugler）和阿瑟丁·阿莱亚（Azzedine Alaia）则创造了一种年轻、大胆而性感的新风格。1983年，卡尔·拉格菲尔德（Karl Lagerfeld）成为香奈儿的首席设计师，他为这个高级时装界的"皇后品牌"注入了一股新的活力，因而吸引了许多年轻消费者的注意。同时，拉格菲尔德又保持了香奈儿一贯的传统，照顾到了老顾客的品位和爱好，他对传统与时尚的独到理解和灵活多变的运用，使本已低迷多时的香奈儿品牌在经过两季之后重新站在了时尚的前沿。

二、多元时期主要服装特点

这个时期由于年轻消费层的崛起，反传统意识增强，结束了高级时装一统天下时代，服装设计向着民主化、大众化、多样化、国际化方向发展。自我意识加强，不受服装流行制约。高级时装变为高级成衣开始普及中低层大众，服装设计大师们的品牌不再左右时装的流行。

20世纪70年代初的中东战争，使得石油价格迅速猛涨，能源危机波及西方各国，使人们开始注意东方阿拉伯地区，具有东方风格的非构筑式，不强调体型、曲线的宽松式复古现代女装又开始流行起来，服饰色彩对比鲜明，民族风格、异国情调以及各种造型款式、长短肥瘦的裤子，如锥形裤、马裤、肥大的灯笼裤、大裆裤、喇叭裤、直筒裤、半截裤、裙裤等，又为西方年轻人提供了新的服饰选择。

20世纪70年代中后期，随着"朋克"（Punk）风潮的影响，服饰设计朝着反常规、另类方向发展，服装造型长短不一、厚薄混搭、内衣外穿、古今穿插等各种风格的服装出现，流行在黑色皮夹克上装饰闪光金属链子、别针、拉链、刀片等；同时喜欢在服装上刺绣装饰另类图案和恐怖文字语言，从发型化妆到配饰装扮都和传统审美背道而驰，有力动摇了人们固有的穿衣戴帽思想观念，就连高级时装设计也受到前卫设计思潮的影响，出现了豪华的巴洛克风格晚礼服。

20世纪80年代初，由日本川久保玲、山本耀司为首的服装设计师掀起的时尚风暴，冲击和影响着欧美服装市场，再次挑战故有的既成观念，他们以黑色为基调，推出令人瞠目的"破烂式"服装和"乞丐式"服装，这是对传统穿衣思维观念的毁灭性打击，是对人类生存方式革新的一种思考，这种难以让人接受的"黑色冲击"又一次给巴黎时装界投下重型炸弹，掀起巨浪大波。

20世纪80年代末期，由于东欧社会主义国家剧变，海湾地区紧张，股票市场起伏不定，世界政局动荡不安。这与60年代动荡时期在形式上有许多相似之处，这时服装出现了60年代样式的复兴潮流。波普服装、欧普服装、宇宙服装、超短裙、超短裤、连体工装裤，薄、透、露性感服装，金属、塑料、玻璃等材料的服装，在60年代曾经流行的风格这时都以新的形式纷纷出现。

20世纪90年代，欧美各国经济进入萧条时期，能源危机进一步增加了人们的环保意识，资源的再回收和再利用成为世界各国领导人的共识，人们对80年代的过渡消费开始反思，不再追求流行，反对浪费能源，反对过量消费。崇尚自然朴素的原生态效果，各种自然色和未经加工的本色原棉、原麻、生丝等成为服装设计师首选的材料，代表未经污染的南半球热带丛林图案和各地民族文化图案以及各种植物图案等都成为90年代流行设计的元素。在款式造型上人们开始追求自然形带来的无拘无束的舒适性，第一次开始挑战人体外形比例，利用填充物改变服装整体基本外形，制造出新奇的自然效应，各种随意舒适的休闲装、便装开始在大众生活中普及并流行。

三、多元时期主要服装式样

（一）异国情调服装

20世纪70年代初，由于石油危机，引起西方所有物价上涨，使人们改变了高消费的价值观。而阿拉伯产油国聚积石油，美元过剩，又使巴黎高级时装店中的阿拉伯顾客迅速增加，这引起设计师们对阿拉伯文化的兴趣。于是，女装开始流行来自东方异国情调的宽松样式，不强调合体、曲线展示，讲究宽松肥大非构筑式设计，与西方传统的构筑式窄衣结构截然不同。在反传统思潮和石油危机的大环境下，为人们提供了一种新的造型选择。同时，西方服饰文化朝着东西融合的国际化方向发展。（图5-52）

（二）运动风格服装（休闲装）

20世纪70年代在全球兴起了运动浪潮，随之各种运动服装和运动休闲装开始进入人们的生活当中，成为各种场合下均可穿着的日常服装。运动装不仅可去运动场所参加各种体育活动中穿着，还可以穿着上班工作、上学听课、逛市场、进舞厅等。这在五六十年代都是不可思议的，而在这一时期则成为司空见惯的事情了。由于运动装具

图 5-52 异国情调的宽松服装

图 5-53 运动风格服装

有的功能性，不仅脱穿方便、行动自如、容易洗涤、存放简便，而且能够给人一种积极向上的健康精神风貌，因此，年轻人自然对此喜爱有加，老年人也想借助运动装使自己显得更加年轻，富有朝气。（图5-53）

（三）T恤衫

T恤是"T-shirt"的音译名，保留了英文首字母"T"，是20世纪70年代典型的休闲装，是中性服装的极致。从最初在二战时出现的单调白色美国海陆军内衣到今天，走过了浪漫的路程。60年代末流行扎染形式，70年代还出现带帽长袖T恤，还有各种在领子造型上面刺绣、印花图案的T恤。其图案与文字只要想得出就能印上去。幽默的广告、讽刺的恶作剧、自嘲的理想、惊世骇俗的欲望、放浪不羁的情态都凭借T恤发泄无遗。T恤成为当时各种活动的首席发言人，1975年达到鼎盛时期，充斥于大大小小的服装市场，并在此后的多年中一直保持了这种势头。80年代还出现了著名的反战标语T恤系列。（图5-54）

图5-54 T恤衫

（四）热裤

热裤是由20世纪60年代风靡的超短裙演化而来的年轻女性所穿的一种紧身短裤。此短裤比较紧身而又特别短，俗称为"热裤"（Hot Pants）。它们与普通的休闲短裤毫不相同。冬天，热裤采用保暖的羊毛织物制成，与紧身衣和落地长外套搭配穿着。夏天，T恤衫配牛仔热裤成为70年代初期一直流行至今的经典少女款式。（图5-55）

图5-55 热裤

（五）喇叭裤

喇叭裤，顾名思义因裤腿形状似喇叭而得名。其造型特点是：低腰短裆，紧裹臀部；裤腿上窄下宽，从膝盖以下逐渐张开，裤口的尺寸明显大于膝盖的尺寸，形成喇叭状。在结构设计方面，是在西裤的基础上，立裆较短，臀围放松量适当减小，使臀部及中裆（膝盖附近）部位合身合体，从膝盖下根据需要放大裤口。按裤口放大的程度，喇叭裤可分为大喇叭裤、小喇叭裤和微型喇叭裤。喇叭裤的长度多为覆盖鞋面的长度。喇叭裤最早起源于水手的裤子。据说西方水手在船甲板工作，因海水容易溅入鞋内，所以想了这个改变裤脚形状的办法，使宽大裤脚罩住鞋靴，避免水花溅入。20世纪60年代初成为美国人的时尚，后来美国摇滚乐歌手"猫王"埃尔维斯·普雷斯利（Elvis Presley）把喇叭裤推向了时尚的巅峰，随后流传到欧洲各地，并风靡全球。70年代后期在复古思潮影响下，又将喇叭裤带入时尚的高峰，人们上身着窄瘦的西装，下身穿喇叭裤，成为那个年代标志性的搭配法则。（图5-56）

图5-56 喇叭裤

（六）牛仔装

20世纪70年代最能体现其文化影响的就是牛仔装了，这个流行并普及了一个多世纪的品种，从一开始就具备了国际性要素：最早产生于法国尼姆的粗斜纹棉布，经意大利热那亚转口到新兴的美国，又由德国移民李维·斯特劳斯（Levi Strauss）制成衣服，以第二次工业革命为契机，进行大量成衣化生产，普及到全世界。这种极富"国际主义"色彩的牛仔装文化在聚集着各种世界文明成分的美国新大陆上孕育、成熟，它也体现着一种美国文化，渗透着美国式的实用主义和合理主义的精神。

70年代的服装不再是过去朴实的劳动服，也不是休闲的市井服。由于更多年轻人的普遍穿用，而增加了许多"年轻的""活力的""反叛的"色彩，得到西方各阶层人士的喜爱，不分贫富贵贱、男女老幼都穿它。使它失去了性别色彩，成为名副其实的"中性"（Unisex）服装，它也促进了无性别化服装的发展，受到追求两性平等的年轻一代的追捧。

为吸引年轻人的目光，法国设计师弗朗索娃·吉尔宝创造了脱色处理、洗褪色、做破洞、撕裂等故意做旧的方法。特别是用石块洗磨（Stone Wash）的方法设计的"都市运动服""优雅的市井服""牛仔西装""牛仔连衣裙""牛仔套装"等做旧处理的牛

仔装系列，引起强烈的反响。1971年，刚露头角的高田贤三（Kenzo Takada）推出了受嬉皮士影响的年轻样式——有补花装饰的和无袖毛衫与裤脚高卷到小腿肚子的牛仔裤的组合。著名的头巾厂商爱马仕（Hermes）在1979年的广告中把牛仔装与高雅的爱马仕头巾搭配在一起献给消费者。

牛仔布也成了时髦面料，用途越来越广泛，除了上衣、裤子和裙子外，背心、风衣、外套、防寒服、鞋、帽子、包、坐垫、铅笔盒等生活用品都用牛仔布来做，甚至连《圣经》的封套也有用牛仔布来做的。总之，随着流行的多样化，牛仔装从款式、色彩、面料上也朝着多样化、系列化的方向发展。它不仅跨越国界、肤色、民族和宗教信仰的局限，而且冲破年龄和性别的束缚，成为当今普及率最高的一个品种。可以说，牛仔装的产生、发展流行和普及实际上也是一种文化的形成和展开。今后，它也会不断以自己的姿态和魅力抓住更多的消费群体，延续自己的文化生命力。（图5-57）

图5-57 牛仔装

（七）朋克时装

20世纪70年代初期诞生了朋克（Punk），所谓"朋克"是对那些叛逆、放浪、颓靡、炫丽年轻人的俗称。最早出现于美国纽约，是对当时摇滚乐队的称呼，后转入英国伦敦，每到周末，他们就聚集在一起用音乐狂欢，他们那种节奏激烈、疯狂的演奏风格和震耳欲聋的音响效果，吸引了当时大批年轻人同欢。他们身穿黑色皮夹克、皮

图 5-58 朋克服装（韦斯特伍德作品）

短裙、紧身裤，上面装饰各种闪光发亮的别针、铆钉和锁链；梳着五颜六色的鸡冠头，穿着渔网似的长筒丝袜。各种穿孔、文身、塑料大耳环、带钉的手环、项圈、马丁靴等，也成为年轻人追求的时尚。这时，以维维安·韦斯特伍德（Vivienne Westwood）为代表的服装设计师，迎合了当时年轻人的心理需求，用"性""奴役""色情""女巫""同性恋"为主题，采用黑色皮革和光泽的橡胶面料，并用别针、皮带、拉链、金属链等作为装饰元素，设计推出大量的朋克风格服装，受到了奉行无政府主义朋克族的疯狂喜爱。她以反常规、叛逆惊悚的设计理念，成为这一时期时尚舞台上呼风唤雨的人物，被人们誉为"朋克之母"。"朋克时装"因此也成为一种国际化的年轻人的时尚文化。（图 5-58）

（八）虐待装

虐待装又称"SM 装"，是施虐与受虐者通过相关意识与行为活动所穿的服装，虐恋（Sadomasochism）现象最早出现在 17 世纪的欧洲贵族阶级，在其后的几百年间，虐恋这种非主流文化有了极大的发展，它不再是某些人的个人行为，甚至也不是游离于社会生活之外的纯粹在私人会所进行的活动，而是逐渐成为一种越来越引人注目的社会与文化现象。虐待服装具有约束施虐与受虐者行为、语言以及突出性感等离奇古怪的造型款式特点，服装色彩以黑色为主，兼用其他红、绿、蓝、白等强对比颜色，衣料一般多采用乳胶、皮革等不透气且具备一定光泽感和高弹力的人工合成材料。种类包含皮革紧身衣、乳胶装、绷带装、情趣内衣等。随着社会的发展，演艺明星穿着虐待服饰的流行和市场商业行为将虐待风带入主流，虐待风格的服饰逐渐常见化、大众化。虐待风格的服装与服饰用品销售量逐年提高，成为主流服饰文化的一部分。（图 5-59）

图 5-59 虐待风格服装

图5-60 乞丐装(川久保玲作品)

图5-61 雅皮士装束

图5-62 怀旧风格服装

（九）乞丐装

1981年,日本设计师川久保玲在巴黎发布了"破烂式"(Wornout Wear)或称"乞丐装"(Beggar Look)的款式服装,引起了时装界的震惊。其打破了过去华丽高雅的传统服装样式,把裙子的下摆裁成斜的,毛衣与裤子上都有磨损的破洞,衣服边缘毛茬外露,或有意保留着粗糙的缝纫针迹等。这种样式正好符合当时人们心理上的错综复杂和恐慌,所以在20世纪80年代这一黑色盛行的时代,破烂的"乞丐装"才会风靡世界,也为服装史增添了"乞丐装"一页内容。(图5-60)

（十）雅皮士装

雅皮士(Yuppie)又称"优皮士",20世纪80年代诞生于美国,专指那些受过高等教育、居住在城市中、有专业工作而且生活很富裕的年轻人。对他们来说,道德的、意识形态的、政治的问题并不存在,整个世界的中心是经济增长和经济扩张,这一代年轻人既没有经历过战争,也没有经历过苦难,连经济衰退对他们来说也仅仅是教科书中的东西。他们没有反对的对象,也没有信仰,赤裸裸的实用主义是他们的信条,经济的成功、事业的成功、丰裕的物质生活是他们追求的目的。去三星级的饭店吃饭、住五星级的酒店、坐飞机来来去去是他们的生活方式。他们喜欢单身,即便同居也不要小孩,喜欢在证券交易所、律师事务所、传媒公司中工作。男性雅皮士的穿着象征为双排扣的老式西装,带有很厚的垫肩。主要牌子是阿玛尼、雨果·波士或者拉夫·劳伦。穿着者希望观者觉得他表里如一,显示个人保守、讲究和有高品位。女性雅皮士与男性一样,她们的服装也是正式的,剪裁精致,宽垫肩,短而紧身的裙子和讲究的衬衣。垫肩是从男装中借来的,同样显示权威、力量和严肃。至于管理阶层的女性,手提袋则成为显示她们自己身份的重要装饰。(图5-61)

（十一）怀旧风格服装

不同的文化背景造就了不同的流行走向。在美国,男装和女装都出现了回归传统的趋势。拉夫·劳伦(Ralph Lauren)、佩里·埃利斯(Perry Ellis)和后来造就了强大时装帝国的卡尔文·科莱恩(Calvin Klein)都不约而同地将设计灵感瞄准了20世纪20年代英国贵族的服装样式,并在美国年轻一代的消费者中获得了巨大的商业成功,而女设计师唐娜·凯丽(Donna Karan)设计的时装为女性塑造了一种舒适、风格化和展示多面个性的新形象。

男装市场在80年代得到了大幅度的拓展,许多时装品牌都增加了男装的系列产品,这些品牌包括:1980年的缪格勒,1983年的川久保玲,1984年的让·保罗·戈蒂埃和1989年的卡尔·拉格菲尔德。男装市场不断扩大的形势带来了许多特别的男装展示会和设计师的时装秀，男装不再是西服套装一统天下的局面，取而代之的是一个多样化的格局，连戈蒂埃以马来西亚传统服饰为灵感而设计的纱笼褶也能被一些男性消费者所接受。(图5-62)

(十二)绿色服装

随着人们环保意识的增强，绿色服装的概念越来越被人们接受。20世纪90年代初，欧美一些设计师就提出了绿色设计的理念，认为设计应该是可持续的生态设计，在设计的全过程中不产生或者尽量少的产生对环境的破坏，实现设计的"无污化"。就服装设计而言，这一过程包括三个部分，即设计过程的无污化(结构设计尽量简化，面料选择力求天然、绿色环保等)、加工过程的无污化(尽量减少材料的不必要浪费、印染加工力求零污染等)和穿着过程的无污化。很多设计大师为了倡导绿色设计的理念，发布了很多环保概念装，如纸质服装、糖果纸装、木板服装、易拉罐服装等。随着科技

图5-63 绿色服装

的发展有很多绿色面料出现，给服装绿色化提供了材料支持。彩色棉的诞生实现了无染色的彩色天然纤维，用木浆加工的天丝(Tencel)纤维提供了具有较好服用性能新型面料，甲壳素纤维提供了保健功能的面料，还有椰子纤维面料、大豆蛋白纤维面料、牛奶纤维面料等都是绿色环保理念产生的新型面料，纷纷给服装的绿色化注入了血液。(图5-63)

四、多元时期主要服饰

(一)雷管头发型

图5-64 雷管头发型

雷管头(Dread Look)，因发型最后成形的头发很像一根根有规则的雷管，因而得名；又因发型做成后头发呈规则条状，极像拖把，故又称"拖把头"。当时的风云人物雷鬼(Reggae)风格的音乐之父鲍勃·马利(Bob Marley)和荷兰著名球星路德·古利特(Ruud Gauit)的发型，就是典型的雷管头发型。做雷管头，步骤工艺并不复杂，但需要时间和细心。先把头发分成许多缕，包上锡纸烫成爆炸头发型，然后再把头发分成无数缕，将其中一小缕边绕边用编雷管头专用的钢质钩针钩结在一起，再将雷管头专用的头发纤维(一种假发，用来改变原来头发长度)和那一小缕头发自然衔接在一起，一根"雷管"就此完工。一个雷管头，至少要编出一百来根的"雷管"才能基本够数。何况可以保持数年发型不乱的雷管头，每一根头发都需要精心呵护和缜密梳理，所以梳理这样一个雷管头需要两个发型师左右开工,折腾八九个小时才完成。(图5-64)

图 5-65 化妆

（二）化妆

这个时期流行一种时尚妆容，称为"加利福尼亚妆"，此妆讲究古铜色的光泽肌肤，嘴唇口红色泽鲜艳明亮。但此时的职业女性流行无色润唇膏和无色指甲油。（图 5-65）

（三）文身、穿孔装饰

20 世纪 90 年代，文身装饰逐步成为服饰文化的一部分，成为青年朋友展现自我、表达个性的一种时尚艺术。文身过去只有黑色，不是专门的文身颜料，时间长了颜色会发蓝发青，故又称"刺青"。作为人类历史文化的一部分，文身延续至今已有上千年历史。在公元前 2000 多年的古埃及木乃伊身上就曾发现文身。根据目的不同，在不同历史时期都有不同的文身现象出现，早期文身是用鲨鱼牙齿及动物骨刺捆上木棒蘸上墨水，用小锤敲击入肤，后用针沾墨水在身上一针一针把图案刺上去。1891 年美国人发明了世界上第一台电动文身机，迅速将美国的文身文化传播欧美各地。进入 20 世纪，现实生活中的文身多与黑道人物和不良青年相联系。

1996 年，英国设计师亚历山大·麦昆（Alexander McQueen）推出了一款超低腰牛仔裤（Bumsters）和低胸装（Butt）。这种新风格很快便激起一股文身革新浪潮，几乎每一个年轻女孩都要在后背腰部以下（丁字裤上边缘处）文一个"处女绣"（Tramp Stamp）。随着社会的进步和多元开放，人们已逐渐接受文身这种文化，并将其和服装色彩纹样有机结合，成为服装设计中的一部分。（图 5-66）

穿孔装饰又称"自残装饰"。最早产生于远古的新石器时期，至今已经有 6000 多年的历史，全世界每一个历史时期、每一个地区、每一个民族都有穿孔装饰的习俗。现代穿孔装饰源于 20 世纪 60 年代欧美反传统的嬉皮士运动，人们把自己的思想任性地释放出来，对人的装饰观念也发生了根本的改变。

图 5-66 文身

80 年代后,穿孔装饰不再局限在耳垂、鼻翼、眼角、嘴唇、肚脐等部位,而是开始在舌头、背部、四肢、乳头乃至生殖器部位,几乎全身只要皮肉较薄的地方都可以进行穿孔装饰。现在,越来越多的青年男女开始流行在身体的多个部位穿孔装饰各种各样的饰物,就连公众明星、大学艺术系教授也开始流行穿孔装饰,使穿孔这种古老的装饰艺术用一种新的形式逐渐被大众所接受。(图 5-67)

图 5-67 穿孔装饰

（四）运动鞋

20 世纪 70 和 80 年代人们开始流行穿运动鞋,这个时期以美国品牌耐克(Nike)最为典型,它是以希腊胜利女神而命名的,由现任耐克总裁菲尔·耐特(Phil Knight)和比尔·鲍尔曼(Bill Bowerman)教练于 1971 年各出资 500 美元共同创建的。1973 年,美国田径赛运动员斯迪威·普雷方丹(Steve Prefontaine)成为第一个穿耐克运动鞋的运动员,之后很多年轻的运动员都开始使用耐克这个年轻的体育品牌。1978 年,耐克国际公司正式成立,耐克鞋开始革新,从美观、表现力上,使运动鞋更轻质更舒适,从而很快进入欧洲以及世界各地市场。同时,德国的"阿迪达斯"(Adidas)、"彪马"(Puma)等品牌运动鞋在嘻哈涂鸦文化中受到全球各地年轻人的狂热追求,穿名牌运动鞋成为当时一种时尚。(图 5-68)

图 5-68 运动鞋

第六节 现代服装小结

综上所述，20世纪是人类历史上发展速度最快的时代，经济、文化都得到了飞速的发展。同时，人类也经历了两次惨痛的世界大战，给人类文明造成了巨大的创伤。现代服装（主要指女装）也随着社会的变化而沉浮蜕变，不同的时代表现出不同的时代服饰特征。

第一次世界大战之后，女装开始朝着简便化的方向发展，设计宗旨以实用、简练、朴素、活泼又年轻为主调，甚至出现了"男孩风貌"的女装，设计师香奈儿成了这个年代最有权威的时装代言。到了20世纪30年代，女装再次开始注重表现女性优美曲线，适用于礼服开口的拉链也在这个时代产生。第二次世界大战决定性地完成了女装的现代化进程，军服式女装流行的同时，为了标榜企业的文化，职业服装也开始大量使用。到20世纪40年代后期，迪奥的"新风貌"开始流行，打破了笨拙而呆板且带着严峻战争痕迹的军装化平肩裙装，以细腰大裙为设计重点，突出和强调了女性的柔美线条，让妇女重新焕发女性魅力，高级时装再次盛行。物资富裕、生活休闲是20世纪50年代的重要特点，时装进入了以迪奥、巴伦夏卡为主的时尚年代，时装强调豪华优雅，注重廓形与严谨的结构以及精致的工艺制作。踏入60年代后，时装进入了以年轻一代为主体的叛逆时尚，出现了轻便化、单纯化的女装，嬉皮士的产生促生了反传统服装的出现，性解放理念的流行导致透视装、无上装、中性服装以及玛丽·奎恩特的超短裙在这个特殊时期风靡全球。美苏太空竞赛以及阿波罗飞船登月成功又引发了宇宙装的流行。70年代，由于世界政局变化和欧美经济起伏，消费者的自我意识加强，高级时装业开始走入低谷，而批量化生产的高级成衣开始产生并受到大众的欢迎，时装开始进入高级成衣化的时代。进入80年代后，服装设计进入了一个多元化发展时期，几经萎靡的巴黎时装业再次复苏，迪奥、巴尔曼以及纪梵希等传统的高级时装品牌再度迎来了顾客盈门的繁荣局面。与此同时，国际服装却呈现出多样化的并立态势，出现了一大批著名的服装设计师。90年代，高科技的发展使得新材料和新工艺不断涌现，并运用到服装上，实现了服装的功能化与技术化。

思考题：

1. 简述20世纪初战争对女装发展所产生的影响。

2. 简述20世纪20年代的代表服装设计师以及设计特点。

3. 名词解释"新造型"。

4. 试述20世纪"叛逆时期"服装特点以及形成原因。

第 六 章

世界著名服装设计师简介与"金顶针"奖获奖名单

第一节 世界著名服装设计师简介

一、沃斯

查尔斯·弗德里克·沃斯（Charles Frederick Worth，1825—1895 年）生于英格兰东海岸的林肯郡。父亲是一位职业律师，后因家道中落，迫使 11 岁的沃斯开始走向社会，起初在工厂当了一名印刷工人。1838 年他来到伦敦，在一个布商那里当学徒，学习经营面料生意。七年的店员生涯对他日后的服装设计具有重要影响，此后他在各种华贵的服装设计中，总把天然面料因素作为设计的出发点。1847 年，20 岁出头的沃斯带着五英镑，离开伦敦独自来到世界时装中心的巴黎。在巴黎纺织界最有名望的盖奇林店工作，该商店以经销高级丝绸以及开司米成衣而著称，沃斯具体负责各种面料、披肩、斗篷的买卖助理工作。

1851 年，沃斯在英国世界博览会上为盖奇林公司设计的服装崭露头角，获得大奖。1855 年，在法国世界博览会上，其服装设计作品再次获得金牌，奠定了沃斯日后的成功。此后，沃斯成为拿破仑三世妻子欧仁妮皇后和奥地利伊丽莎白"茜茜"皇后以及英国维多利亚女王和欧洲众多贵妇人的御用服装设计师，他的设计开创了世界上最大的裙摆时代——克里诺林时代。1858 年，沃斯和一位瑞典面料商合伙，在巴黎和平大街开设了世界上第一家时装店。这家自行设计、销售的时装店的开创，标志着服装设计摆脱了宫廷沙龙范围，跨出了裁缝手工艺的局限，成为一门反映世界变幻的独特艺术。在此之前，个人成衣偶有提及，但由设计师以自己的设计进行营业却是历史的首创。

19 世纪 70 年代，沃斯设计推出"巴斯尔"长裙，使后翘臀垫裙装风靡流行；同时也开创了利用省道分割紧身女装的设计手法，这就是后来被称之为"公主线"的服装。

图 6-1 沃斯及其设计作品

沃斯在时装界的另一项首创是，选择模特动态展示服装，他是时装表演的始祖。他认为"服装静态展示无法体现设计师全部的想象"。第一位模特就是他服装店里的"店员小姐"，后来成为他妻子的法国姑娘玛丽·薇尔奈。

沃斯在服装领域的最大贡献就是把服装生产商品化、工业化，把自己工厂生产的批量服装销往全世界；而且他是第一位在欧洲出售设计图给服装厂商的设计师，也是西式套装的创始人；同时他还是高级时装业的第一人和时装世界的开拓者。沃斯被所有评论家称作真正的艺术家，一位有建树的人，他创建了巴黎第一个高级时装设计师的权威组织：时装联合会（Fashion Federation），后改名为"高级时装协会"（Haute Couture Association），成为 20 世纪时装界最活跃的中坚力量。一百多年来，高级时装的发展现实足以说明这个组织的重要作用。沃斯的贡献深为后人敬仰，至今在纽约大都会博物馆、伦敦维多利亚阿尔伯特博物馆和巴黎时尚博物馆都能看到他的设计作品，他因此也被时装界尊称为"时装之父"。（图 6-1）

二、帕康夫人

帕康夫人（Jeanne Paquin，1869—1936 年），生于地中海圣但尼岛的一个医生家庭，从小就喜欢服装设计，曾在巴黎多莱科尔时装店学习裁剪技术。帕康的名字是这一时期"高雅"的代名词。1891 年，她与银行家伊古多尔·帕康结婚，在留德拉派大街创立了帕康店，丈夫卓越的经营才能和夫人的创作才能珠联璧合，使这家店铺在短时间内跃上巴黎高级时装的第一线。把顾客层扩大到高级社交界以外的经营方针在当时确属一种创新，这也是其成功的奥秘。帕康夫人很早就意识到广告对于时装企业的重要作用，她让模特们穿上自己设计的衣服到赛马场上行走。当时的赛马场是有闲阶级的重要社交场所，也是贵夫人、阔小姐们相互争奇斗艳的地方。帕康店的这些漂亮、时髦的姑娘们确实为其吸引了不少顾客，打开了体育赛场上时装广告的先河；1900 年，巴黎万国博览会上，帕康夫人为纪念这个博览会，在协和广场设立了一个巨大的拱门，在门上放置一个穿着帕康作品的女人像，这使得帕康的名字一下子驰名海外。

1896 年，帕康夫人首先在伦敦，接着在布宜诺斯艾利斯、马德里和纽约开设分店，在海外开设分店是帕康夫人的另一大创举。鼎盛时期顾员多达两千多人，是当时规模最大的一家高级时装公司。另外，帕康夫人还有效地利用当时一些画家的协助，把自己的作品画成速写，1911 年，出版了作品集《帕康的扇子与毛皮》。

帕康夫人并不像高级时装界的权威沃斯以及后来的波烈、香奈儿那样引领时装潮流，也不像巴伦夏卡那样身怀绝技。但她的时尚感觉十分敏锐，每个时期都及时地对流行做出反应，她的店刚开张时，追随沃斯服装风格；后来又在设计中巧妙地采纳了杜塞那轻淡色调；1906年，当波烈摒弃紧身胸衣推出希腊样式时，帕康又马上步其后尘，紧追不舍；当巴黎上演俄罗斯芭蕾舞，引起东方热时，她又马上敏感地在设计中融入东方情调，采用了像野兽派画家那样的鲜艳的配色效果，与波烈步调一致，共同把这种思潮体现在时装上。但1910年，当波烈推出下摆收小的霍布尔裙时，帕康夫人却站在完全相反的立场上加以反对。

帕康夫人设计的毛皮服装深受欢迎，她根据不同的穿着对象，在各种材料的衣服领子、袖口以及饰带和皮手套上都使用了各种富有个性的毛皮，特别是毛皮领被人们称为"帕康领"而风靡一时。由于她在时装界的功绩，1913年荣获"荣誉勋位团骑士"勋章。1917年，帕康夫人荣升为巴黎高级时装店协会会长。（图6-2）

图6-2 帕康夫人及其设计

三、保罗·波烈

保罗·波烈（Paul Poiret，1879—1944年）生于巴黎，并在巴黎度过了人生最辉煌和最惨淡的时光。波烈是一位布商的儿子，从小就与服装结缘，12岁开始绘制服装设计图，20岁时其才华得到了巴黎著名时装师杰克·杜塞（Jacques Doucet，1853—1929年）的赏识，被聘为杜塞的特约服装设计师；后又在沃斯兄弟的服装店工作四年，终因观点不合而分道扬镳。1904年，25岁的他开设了自己的服装店，成为一名自己绘制服装设计图的服装设计师。

波烈在服装史上的最大贡献就是首先废除紧身胸衣，反对欧洲传统束腰、紧身的穿衣方式，一改曲线统治欧洲服装三百多年的历史，使直线重新获得统治地位。当时由于模特出身的妻子德尼丝怀孕无法穿着紧身衣，他从宽松柔和的孕妇装中联想，同时又受到阿拉伯宽松服饰的启发，大胆吸收东方文化，设计出许多具有东方元素和阿拉伯穆斯林风格的服装，改变传统的西式造型款式，使妇女的服装宽松随和；服装款式不再体现人体曲线，这同西方历来追求腰、胸、臀曲线变化的服装造型背道而驰，在西方服装史上开创了一次了不起的重大变革。同时，波烈还为巴黎沙龙女子设计便于运动的土耳其式灯笼裤，其裤臀部宽松多褶，裤口收紧抽碎褶，使女性在公共场合也能穿裤子。这对于从来不习惯穿裤子的西洋女子来说，也是一次新奇而令人吃惊的重大创举。

1910年，波烈隆重设计推出"霍布尔裙"（Hobble Skirt）。这是一种下摆紧窄、裙长到脚踝、臀部较宽的斜开款式裙子，此款裙子使穿着者无法迈大步行走，更无法跨马上车。前卫女子为追求时髦，不惜用布条绳带捆住自己的双腿，以适应这种蹒跚的时尚。波烈自己也觉得"我解放了她们的上半身，可我又捆住了她们的双腿"。穿着这种碎步而行的窄摆裙，未能成为当时主流的时尚流行。

波烈深知香水的重要性，1910 年推出了以他大女儿名字命名的"罗斯妮"（Rosine）牌香水，成为世界上第一位创立香水品牌的服装设计师，开辟了服装与香水结合的时代，之后许多著名的服装设计师都纷纷效仿他的做法，一直延续至今。

1911 年，波烈在巴黎创建了一所装饰艺术学校，并以他二女儿的名字"玛蒂娜"（Martine）命名，一年后，又相继在巴黎、伦敦等地开设"玛蒂娜"装饰品专卖店。波烈也是第一位和艺术家合作的服装设计师，他聘用当时知名的画家为自己设计服装面料，开创了设计师与画家密切合作的先河。

波烈是世界上第一位组织模特表演的设计师。20 世纪初，他率领 12 名模特到欧洲各国进行巡回展演，并宣传他的服装作品。1913 年在美国访问展出时，他所带去的短裙设计，被美国海关以淫秽物品为由而扣留，成为当时美国的一大新闻，而波烈却因此被美国报纸称为"服装流行帝王"。

波烈是 20 世纪初时装界的风云人物，在整个欧美，其声望在第一次世界大战前达到了顶峰。1914 年，波烈在时装同仁中发起法国时装业的贸易保护组织"创意权利防护会"。一战后他还经常举办奢华的音乐会、芭蕾舞会，终因开支庞大，入不敷出，先后三次宣告破产。不顺之事接踵而来，妻子与他离异，设计作品失宠，晚年贫困潦倒并被人遗忘。1944 年一代巨匠波烈在巴黎慈善医院去世。在新旧时代交替的年代里，波烈独具慧眼，改变曲线统治欧洲服装的历史，使直线服装得到认可，开启了新世纪现代造型线的雏型，被西方服装史学家称为简化造型的"20 世纪第一人"。（图 6-3）

图 6-3 波烈及其设计作品

四、维奥内

玛德琳·维奥内（Madeleine Vionnet，1876—1975 年），生于法国与瑞士边境的日内瓦湖畔，她父亲是一个宪兵，3 岁时母亲去世，长大后父亲送她去寄宿学校读书，成绩优秀。因家庭经济缘故，12 岁便去法国巴黎裁缝店当帮工，学习裁缝技术。后又只身来到英国伦敦学习服装设计。伦敦的生活学习奠定了维奥内的服装专业基础，1900年她再度回到巴黎，先受聘于当时出名的杰伯（Gerber）和卡尔特（Callot）姊妹服装公司；1907 年转入著名的杰克·杜塞（Jacques Doucet）公司工作。1912 年，36 岁的她开设了自己的时装店，而后搬到马蒂龙街一所有名的房子里，虽然离市中心远些，但她拥有了一个更大而宽敞的服装展销沙龙。

维奥内的最大贡献就是1920年发明了"斜裁法"，这种史无前例的裁剪技术，利用面料的斜丝裁出适合女性体型的服装，强调律动的美感。那种多样的悬垂衣褶和波浪效果，在当时都独具匠心，也因此被后世时装潮流权威迪奥称为"时装界第一高手"，至今斜裁法还一直为世界各地时装设计师大量采用。

1922年维奥内举办服装发布会，其服装设计无需使用任何纽扣、别针或其他系缚物，仅仅利用面料斜纹的伸张力，即能轻易地穿上脱下，令服装界同行惊叹不已。1927年她利用斜裁法，创造设计出当时名噪一时的袒肩露背式晚礼服，这种露背宴会装也是西方礼服上的一大创举。

利用人体模型设计服装（立体裁剪）是她的另一特点。在设计过程中，她注重人体立体造型。她对画平面草图不感兴趣，说："如果只依靠素描（设计图）就做出服装，可能就不会这样强烈地影响服装界。"每逢设计时，她都是直接在人体模型上反复试验：用布缠绕、打褶；大头针固定布料和剪裁，不厌其烦，直到满意为止，开创了不用服装设计效果图设计服装的先例。

大胆使用内衣面料制作外衣的设计方法，也是维奥内的一大突破。将人们长期以来用作内衣的双绉面料，首次运用到外衣面料设计上，在当时确属大胆尝试。

有人把维奥内称为"服装建筑师"也不无道理。维奥内设计的着力点就如建筑师对构造力学的考虑一样，她将服装视作一幢建筑，宛如美学和力学的综合物，在人体上建筑"卢浮宫""埃菲尔铁塔"。由于她恰如其分地掌握人体节奏与服装之间的协和关系，这就使她的服装富有一种流动的线条美和典雅高贵之气。被著名的雅克·沃斯（时装之父沃斯的孙子）称为"时装界最杰出的技术天才"，她永远不可能被忽视，因为至今没有人能达到她那样的技术水平。她是名副其实的"高级时装的创始人"。维奥内于1939年结束营业，后来没有再度复出，一直到1975年，以99岁高龄辞世。（图6-4）

图6-4 维奥内及其设计

五、香奈儿

盖柏丽尔·香奈儿（Gabrielle Chanel，1883—1971年），昵称"可可"（CoCo），出生于法国卢瓦尔河谷上的索米尔乡下，她是未婚父母所生的第二个孩子，父亲是一个毫无责任感的街头小商贩，母亲则是一个朴实勤劳的农村家庭妇女，在香奈儿11岁时母亲突然去世，父亲把她和姐姐扔到一个修道院所开的孤儿院后，便在她们的生命中消失，从此再也没有见过面。香奈儿16岁离开孤儿院，进入一所教会办的寄宿学校，在那里修女们教会了她服装裁剪与缝纫制作技术。18岁那年，她被选中去穆兰（Moulins）一家女性内衣店做服务员，业余时间帮助当地驻军官兵修补制服，她还在当地一家酒馆当业余歌手，常出入风月场所，并在那里认识了许多上层名流贵族子弟，这为她日后事业的起步发展奠定了基础。

1910年，香奈儿在情人的资助下开设了一间女帽店，从此开始了她不平凡的一生。由于她制作的帽子小巧别致，装饰简洁，深受她周围朋友和市场的欢迎，很快就有许多人上门求购。香奈儿凭借自己的简约与时尚设计风格，很快在巴黎初露锋芒。1915年又开设了一家"香奈儿时装店"，由此进入巴黎时装界。第一次世界大战后，又在巴黎康朋街成立了属于她自己的时装沙龙，她顺应时代潮流，敏锐地抓住社会变化，主张造型线简洁、朴实，舒适自如、色彩素雅，喜欢黑、白两色。她设计的两件套服装，被视为经久不衰的时代风格。

同时，她果敢地把晚礼服那"法定"的拖地长裙缩短到与白日服一样的长度，大胆地打破了传统贵族气氛，尽可能使其造型朴素、单纯化。作为流行的带头人，她是向传统挑战的自己作品的首位消费者，她的名言是"街上没有的时装不是时装"。

1920年，香奈儿推出"香奈儿五号"香水（Chanel No.5），方形瓶子，简洁、干净，集中体现了她的设计风格。五号香水使她名声大振，成为全世界最闻名的香水之一，与埃菲尔铁塔一样成为法国巴黎的象征，被后人誉为"流动的黄金"。

图6-5　香奈儿及其设计作品

1931 年，香奈儿应邀赴美国好莱坞设计电影服装，其设计的套装成为美国职业女性的标准服饰，至今都成为西方女性独立、自尊、自强的象征。她在着装方式上为现代女性做出了榜样：将皮肤晒黑，剪短头发像男孩一样，把男友的毛衫和上衣披在身上招摇过市，出入社交场合，这对传统的贵夫人形象无疑是一种反叛和革命。在服装搭配上，她第一个改变了长期以来把服饰品的经济价值作为审美价值的传统观念，教给人们如何用人造宝石来装饰自己，把人造宝石大众化，把服饰品的装饰作用提到首位，将原来作为身份象征的珠宝首饰逐渐被纯粹的装饰物"假宝石"所取代。她一生致力于为现代职业妇女设计制作"尽可能简练、朴素的服装"，被称为"运动型之母"。

香奈儿被誉为"时装世界的女王"，人们也常把 20 世纪 20 年代称作"香奈儿时代"。保罗·波烈改变了妇女的传统装束，而香奈儿则是 20 世纪真正的时装变革者，她对现代女装的形成起着不可估量的历史作用。香奈儿去世的时候，法国总统发表"法国 20世纪留下的三个名字——戴高乐、毕加索和香奈儿"的感言。（图 6-5）

六、夏帕瑞丽

艾尔莎·夏帕瑞丽（Elsa Schiaparelli，1890—1973 年）生于意大利罗马一个贵族家庭。父亲是位出色的东方语言学者和古币收藏家，叔父是著名的天文学家和意大利王国参议员。家境富裕的夏帕瑞丽从小在艺术氛围的熏陶下喜爱音乐、诗歌、哲学、油画以及雕塑。第一次世界大战前，她遍游欧洲各国、美国以及突尼斯，广学博览。17 岁在伦敦结婚，后随夫移居美国，13 年后她丈夫抛弃了她和两个女儿，几乎没有留下任何财产。她带着孩子返回欧洲，曾做过古玩生意。直至遇到保罗·波烈以后，夏帕瑞丽才决心献身于服装事业。

1927 年，夏帕瑞丽进入巴黎时装界；1929 年，开设了一家运动服装店；1934 年，又在凡都姆宫开设了高级时装店，同年又在伦敦开设了一家豪华服装店。到 20 世纪 30年代初期，夏帕瑞丽的公司年利润已达一亿二千万法郎，拥用 26 个工厂和 2000 多名员工，她的知名度和企业的上升速度，更是令同行咋舌羡慕。

夏帕瑞丽对时尚最大的贡献在于带领时尚渡过了 20 世纪 30 至 40 年代的转型期。在设计上屡屡有惊人表现，风格大胆、前卫，甚至带有点娱乐性，令人印象深刻。她的设计最着重于女性的肩部和胸部，当时她曾尝试将男性垫肩加入女性服装里，被认为是相当有想象力的创造。夏帕瑞丽第一个把化纤织物带入高级时装界，也是第一个将拉链运用到时装上的设计师，当装有拉链的时装、沙滩装首次问世时，人们惊叹不已。当时的报界称她"闪电般地扣完了所有衣裳"。她经常与画家、雕塑家、现代艺术家交往探讨，其创作思想和设计风格深受影响，她一贯主张新奇、刺激，语不惊人誓不休，认为时尚意味着新奇，她用一种与众不同的视角诠释了"创新"的定义，所以她的时装用色犹如野兽派画家——强烈、鲜艳、装饰奇特，而且惊人。她的超现实设计观念和

图 6-6 夏帕瑞丽及其设计作品

手法，也替她赢得了"时装界的超现实主义者"封号。

第二次世界大战爆发后，法国沦陷，夏帕瑞丽移居美国。直到法国解放后才回到巴黎重振时装业，1945 年再次推出新的服装系列，但这时的她已无法适应战后的流行时尚。1954 年，也就是香奈儿复出的那一年，她关闭了所有生意，结束了曾经显赫一时的时装生涯，1973 年 11 月 13 日病逝于法国巴黎。

夏帕瑞丽具有艺术家的修养和画家的审美眼光，她设计的服装给当时高级时装界盛行的功能主义，注入了一股清流，使服装更具有艺术性，更具有现代艺术的魅力，她的龙虾裙、高跟鞋小帽都成为服装史上的经典。如同香奈儿风靡 20 年代那样，夏帕瑞丽风靡整个 30 年代，被时装界誉为"自负的时装女王"。2013 年 9 月 30 日，夏帕瑞丽公司任命马可·萨尼尼（Marco Zanini）担任创意总监，他将负责把夏帕瑞丽品牌继续传承下去，将昔日的老牌时装再现辉煌。（图 6-6）

七、巴伦夏卡

克里斯托贝尔·巴伦夏卡（Cristoral Balenciaga，1895—1972 年）生于西班牙巴斯克自治区一个叫格尔达西亚的小渔村，人们对巴伦夏卡的童年生活所知甚微。据说他的父亲是一名渔夫，不幸的是，巴伦夏卡 13 岁那年父亲去世，家庭从此失却往日的欢乐，陷入贫困境地。他随母亲搬到距法国仅 20 公里的海滨城市圣塞瓦斯蒂安，在那里，母亲迫于生计，以裁缝为生，早年生活的磨练却为他的事业打下坚实的服装工艺基础。

他迈向时装之路是非常偶然的。由于他的职业习惯，在大街上他偶然被西班牙贵族托雷斯女侯爵的套装吸引住了。这是出自巴黎的名牌"德雷高尔"女装，女侯爵慨然同意他复制这套名牌服装，并鼓励巴伦夏卡到英国、法国学习时装设计。从此，巴伦夏卡对时装的热情之火被点燃，他雄心勃勃地迈向时装世界。1919 年，24 岁的巴伦夏卡在女侯爵的帮助下，在故乡附近的圣塞瓦斯蒂安开设了第一家时装店，之后又在巴塞罗那、西班牙首都马德里开设了两家时装店；正当要成功之际，却逢西班牙内战而至法国避难。1937年，在几个朋友的帮助下又在巴黎乔治·桑大道开设巴伦夏卡时装店，初步进入巴黎时装圈。

巴伦夏卡在女装设计中，常像建筑师般地研究曲线的力度、结构的变化，这使他的设计具有雕塑一样的立体效果。他的信条是：追求"建筑一样的质量"。这使他在巴黎获得了"毕加索式的时装"美誉。他总是追求完美无缺，根本不去想所费的时间和代价。虽然他在迪奥之后步入时尚圈，但迪奥对他的天分非常推崇，曾言"巴伦夏卡是所有人的大师"。就连从不"奉承"任何人的女强人香奈儿也曾讲过："从设计到裁剪、假缝、真缝，全部自己一人能完成作品的只有巴伦夏卡。"他的设计从不画设计图，而是喜欢在模特身上直接用面料进行立体裁剪和造型，被人们称为"剪子的魔术师"。

图6-7 巴伦夏卡及其设计作品

巴伦夏卡设计的女装，风格典雅、富丽、细腻，在20世纪50年代的欧洲举足轻重，也是全世界高级时装业的中坚之一。他是巴黎高级时装一代宗师，被誉为"50年代的时装泰斗"。巴伦夏卡的设计理念和设计方法都曾影响许多时装大师，他们都以曾进入巴伦夏卡设计室为荣，如著名的设计师纪梵希（Givenchy）、库雷热（Courreges）、温加罗（Ungaro）等都曾是他的门徒。

1968年的作品发表会之后，其因全国大罢工的影响而关店。四年后（1972年），他在西班牙巴伦西亚去世，终年77岁。其后由其门生，同是西班牙人的费阑·马奇内斯继续以"巴伦夏卡"之名开店，走高级成衣设计路线。1973年美国纽约大都会美术馆曾为他举办过时装设计回顾展，国际时装界一致推崇他和维奥内、香奈儿为20世纪世界三大服装设计师。（图6-7）

八、迪奥

克里斯汀·迪奥（Christian Dior，1905—1957年），生于法国诺曼底一个富有的中产阶级家庭，父亲是位实业家。五岁那年，全家迁居巴黎。学生时代的迪奥性格内向，热衷于发明，对建筑和绘画非常感兴趣，曾要求父母同意他学习绘画，但遭到拒绝，后与家庭产生矛盾，出走家门，迫使家里允许他搞艺术画廊的计划。20世纪20年代的他常常一贫如洗，30年代时以出售时装画为生。后来遇见的两个人改变了他的命运，1941年认识时任巴黎高级时装商会会长的设计师吕西安·勒隆（Lucien Lelong，1889—1958年），是他让迪奥到自己公司从事服装设计工作；1946年又幸运地认识了法国纺织、金融巨头的马塞·布萨克（Marcel Boussac），在他的资助下成立了自己的服装设计公司，从此，迪奥开始独立设计生涯，辉煌的事业拉开了序幕。

1947年，42岁的迪奥推出的"新造型"系列时装，一夜成名，像旋风般地震撼了巴黎和欧美各国，成为20世纪最轰动的时装变革。他将二战时期单调的女装形式变为强调胸、腰、臀曲线的女性柔美造型，极力将服装造型恢复到20世纪初的模样。开始设计豪华服饰长裙，收窄腰身造型等，让妇女重新焕发女性魅力，是他拯救了巴黎时装。因此法国政府授予他最高荣誉"荣誉军团奖"，以表彰他对战后法国时装业的复兴所作的贡献。

继"新造型"之后，迪奥每年都推出新的系列服装，每一个系列都具有新的意味，其设计的重点是他对服装造型线（即外轮廓线）的把握，无论是"新风貌"还是"A形线""Y形线""H形线"等，都是从整体入手的，亦是代表50年代的潮流之力作。他始终保持着一种风格，即典雅的女性美，这种风格一直影响着他的继承者和追随者。

世界舆论一致认为，迪奥不愧为时装新潮流的领导者，在1947至1957年的10年中，他的每个时装系列都成为时装潮流的最高权威，他的成就使他成为战后时装界的精神领袖。但迪奥说得好，没有人能改变时尚，一个大的时装变革之力来自它自身。因为妇女要更女性化，而新造型之被接受，正是因为一个全球性的审美和宇宙观的变化。自1948年起，迪奥先后在美国、英国、德国、加拿大、日本等国家和地区开设分店，形成了一个庞大的迪奥时装帝国。他去世后，本店的设计工作交给了当时年仅21岁的弟子，人称"迪奥二世"的伊夫·圣·洛朗（Yves Saint Laurent）；第三任设计师换上当时在伦敦分店主持工作的马尔克·葆安（Marc Bohan）；1989年又换上第四任设计师来自意大利的詹佛兰科·费雷（Gianfranco Ferre）；效力8年后，第五任首席设计师为英国人约翰·加里亚诺（John Galliano）；2012年，拉夫·西蒙（Raf Simons）入主迪奥。（图6-8）

图6-8 迪奥及其设计作品

九、巴尔曼

皮埃尔·巴尔曼（Pierre Balmain，1914—1982 年）生于法国阿尔卑斯山脚下的圣让 – 德莫里耶讷。母亲经营一家女性用品服装店，巴尔曼高中毕业后进入巴黎国立美术大学攻读建筑专业，在学习期间对服装设计产生了浓厚的兴趣，毕业后他放弃了自己所学专业，于 1934 年投身于著名时装设计师爱德华·莫利纽克斯（Edward Molyneux）门下学习服装设计，曾与迪奥共事一段时间。二战结束后，在母亲的资助下，于 1945 年夏在巴黎的弗朗索瓦街创建以自己名字巴尔曼（BALMAIN）命名的高级时装公司，巴尔曼诠释的女性形象摆脱了战争时代痛苦的创伤，潇洒而富有魅力。与迪奥、巴黎世家（Balenciaga）并列成为战后定制时装三巨头，同时也是时装界彼此最强劲的竞争对手。

1945 年秋，巴尔曼第一次举办时装发布会，推出肩线平缓、收腰宽摆的裙子和金色缎子上刺绣纹样的女衬衫等。1947 年春，又发表了新颖的"工作服式"女衬衫，受到了巴黎许多女性的欢迎和喜爱。同时他先后为 16 部电影及歌剧设计服装，许多著名的歌星、影星、皇室贵族都成为他的顾客。这使得他的名声漂洋过海，享誉国际。他与迪奥、巴伦夏卡被后人誉为 20 世纪 50 年代女装设计"巴黎三杰"。巴尔曼不仅是一位杰出的时装设计师，还是一位出色的画家；同时还是时装界著名的服装理论家；他经常被邀请到服装学校讲授服装史和到电台、电视台做服装设计讲座；他还在纽约与加拉加斯开设分店，并开始出售香水及饰物配件，1964 年，出版了自传《我的年代和时装》。

1980 年，巴尔曼品牌被提名"托尼奖——最佳时装设计"，并赢得"戏剧编辑人奖——新年最佳戏剧服装奖"。1982 年 6 月 29 日，巴尔曼在巴黎去世。辞世后，巴尔曼品牌的火炬先后传给了著名设计师埃里克·莫坦森（Erik Mortensen）和埃尔韦·皮埃尔（Herve Pierre）。1993 年，国际著名时装设计师奥斯卡·德拉伦塔为巴尔曼公司设计了第一批高级时装系列，在尊重"漂亮女性"风格的色彩、流畅和典雅的同时，为巴尔曼品牌注

图 6-9　皮埃尔·巴尔曼及其设计作品

入了新的活力。虽然此品牌一度岌岌可危，后来却由于天才设计师克里斯托夫·狄卡宁（Christophe Decarnin）在 2005 年的加入，又重获新生，一跃成为好莱坞明星、IT 女士和上流社会女士们热爱的品牌。（图 6-9）

十、森英惠

森英惠（Hanae Mori，1926 年—）生于日本，幼年的成长经历奠定了她的审美观。在从东京克里斯汀大学毕业后，她与同时代的日本女性一样，早早地嫁做人妇，但她的人生并未从此定格，在进修服装设计课程后，这个国语系的才女在 1951 年开办了自己的 "HYOSIHA" 服装店，从此开始了与同时代女性不同的职业生涯。不久，森英惠又涉足电影界，为演员们设计服装，她曾先后为六百余部电影设计过服装，使不少电影明星们都纷纷到她的服装店定制服装，使商店名声大噪。

1963 年，她在日本创建第一个高级成衣公司。1965 年，森英惠在纽约举行了首次作品发布会。1975 年以后，她的作品逐步打入伦敦、瑞士、德国和比利时的服装市场；1977 年在巴黎的蒙泰纽大街创建高级时装店，同年加入巴黎高级时装店协会，她是第一位在巴黎开时装店的日本人，也是成为巴黎高级时装设计师协会成员的第一位日本人。她在巴黎以自己的商标"蝶"为主题，发表带有蝴蝶图案的时装设计作品，被誉为"蝴蝶夫人的世界"，她是第一个将日本风格的优雅印花加诸丝绸面料用于晚礼服的设计师；此后，她又发表过中国风格的作品和吸收巴黎高雅气质、线条简洁而明快的作品，成为世界上著名的服装设计师之一。

现代艺术是森英惠服装设计的灵感之一，抽象的线条、印花图案以及靶状同心圆图案表现在每款灰、白、玫瑰色的小外套系列之中，黑色晚礼服亦讲究优雅的线条，露背直落到腰部。森英惠很重视民族风格，经常立足于日本民族文化之中进行设计，特别是运用日本风格的印花丝绸所设计的晚礼服很受欢迎。她于 1960 年获 FEC 大奖，1967、1970、1976 年三次获得"莱克斯·阿瓦德奖"，1978 年获"欧洲一流品奖"和第七届"先锋奖"等，同年与皮尔·卡丹一起访问中国，受到中国人民的欢迎和国际间的好评。以蝴蝶为设计特征的森英惠恪守"女性化"原则，因此她的服装纤丽、细腻、精致、贴身。她坚持女装的面料一定要质地优良，她的丈夫为此专门生产了供她使用的富丽的印花面料。同时她吸收了欧化的不对称剪裁，用飘飘洒洒的大袖裙裾展现女性柔和飘逸的线条。

图 6-10 森英惠及其作品

1984 年，她荣获法国政府颁发的"艺术文化骑士级勋章"；1996 年，日本政府授予森英惠"文化勋章"，表彰她在服装设计领域的贡献；1999 年，她将自己公司的业务交给模特出身的美国儿媳妇掌管，从此逐渐隐退服装界。（图 6-10）

十一、纪梵希

尤贝尔·德·纪梵希（Hubert de Givenchy, 1927—2018 年）生于法国，17 岁时进入巴黎大学学习法律和美术，同时成为杰克·法特（Jacques Fath, 1912—1954 年）的入门弟子。他先后曾在夏帕瑞丽、巴伦夏卡等大师旗下做服装设计，期间积累一定的设计经验，对时装工艺与设计流程也有相当的了解。

1952 年，在巴黎创立了以自己姓氏命名的时装店 GIVENCHY，并以 25 岁的年龄首次举办时装设计展示会。他是当时所有时装设计师中最年轻的一位，其作品既有传统气息，又有独特新意；最为突出的系列是简单的白色棉布衬衣，衣袖上有夸张的荷叶边装饰，对比强烈，在当时所引起的轰动和兴奋不亚于迪奥的"新面貌"系列，备受人们推崇，成为高级服装设计师。

1953 年，纪梵希开始为好莱坞电影设计服装，并受到前所未有的欢迎。他曾为电影《情归巴黎》《罗马假日》等设计服装；1964 年为电影《窈窕淑女》设计的服装荣获第 37 届奥斯卡最佳服装设计大奖。电影明星奥黛丽·赫本成为他心中的公主。为此，他开始为电影女明星设计服装，包括演出的服装和平时生活的服装；知名的影星穿上他设计的时装，艳丽炫目，自然也就成为他设计的最好推广人。

1955 年，纪梵希开始设计非配套穿的女装，并把奥纶纤维（聚丙烯腈短纤维）引入女子高级时装。1957 年，其向市场投放两款香水，"德"（De）与"禁忌"（L'Interdit），并请奥黛丽·赫本为之代言，开创了明星为香水代言的先河。

纪梵希非常崇拜自己的导师巴伦夏卡，他甚至把自己的时装店开在乔治桑大道巴伦夏卡公司的斜对面。经过几十年来的经营，其品牌一直保持着"优雅的风格"，在时装界几乎成了"优雅"的代名词。而纪梵希本人在任何场合出现总是一副儒雅气度和高贵不俗的外形，因而被誉为"时装界的绅士"。他不断将自己的设计推向高度雅致的水平，从而使 19 世纪的"高级时装"精神再次复兴。1968 年巴伦夏卡引退以后，他被称为维护传统唯一的设计师，被人们誉为"法国宫廷派服装设计师"。时光匆匆逝去，今天被称为"时尚巨人"的纪梵希不单单代表时装，已经延展至精彩绝伦的彩妆、护肤品、香水以及家居用品等领域。其设计始终传递着纪梵希持久不变的精致优雅气质。

1995 年纪梵希光荣引退后，先后有约翰·加里亚诺

图 6-11 纪梵希及其设计

（John Galliano）、亚历山大·麦昆（Alexander McQueen）等设计师继续推崇其高雅而低调的奢华设计风格。（图6-11）

十二、皮尔·卡丹

皮尔·卡丹（Pierre Cardin，1922—2020年）生于意大利威尼斯。双亲都是法国人，父母曾靠贩卖葡萄酒维持生计，家境清贫。卡丹两岁那年，随全家返回法国，

他14岁时就到裁缝店当学徒，二战期间17岁的他又到法国红十字会担任了四年会计工作。战争结束后，年轻的皮尔·卡丹先后在法国当时著名的帕坎（Paquin）时装公司工作；不久又到夏帕瑞丽时装店工作；1946年成功应聘迪奥公司，任男装工作室主任，成为迪奥的助手。1950年独立创办自己的工作室；1953年初次发布个人高级时装系列作品展示会，同年由于他改变了时装经营的方式，把量体裁衣、个别订做改成小批量生产成衣，让价格昂贵的高级时装走下了普通人无法触及的T台，把成衣的工业性与时装的艺术性完美结合，打破了服装的阶层局限，可以说是服装业的一次革命。第二年又开设了第一间时装店"EVE"，1959年又打入高级成衣界。从此，凭借他独特的创造力和高明的经营眼光，很快打开服装市场。他的顾客包括皇后、总统夫人、名人贵妇、电影明星等。

1966年，皮尔·卡丹首创宇宙系列服装，并很快在欧洲和美国流行起来。在同一时期，英国的披头士乐队风靡了整个欧洲和北美。看准了通俗音乐的重要趋势，他又设计和生产了甲壳虫式的时装，在欧美各地一下热销起来；同时还创造出没有明显性别特征的"无性别"时装；他又是欧洲时装业第一个使用鳄鱼皮材料制作时装的设计师。皮尔·卡丹在法国时装界制造出了前所未有的轰动效应。在那些往日曾经是女装一统天下的服装橱窗里，为男式服装争得了重要的一席之地，而且"地盘"越来越大。男性服装的风潮迅速在欧洲蔓延开来。到1968年，卡丹又增加了童装业务。

皮尔·卡丹的设计十分重视和强调服装造型线或外轮廓线，年年变化出新，或以圆形，或用矩形取胜，被誉为"全身充满创造灵感和艺术细胞的人"和"挂式大衣的先驱"，

图6-12 皮尔·卡丹及其设计

他曾三次获得法国时装设计最高荣誉奖"金顶针"奖。

卡丹拥有18多万名员工，企业分布在110个国家和地区，拥有600多项设计专利。他的设计创作，小到各种男女童服装、各种饰物，大到汽车、飞机室内装饰，他从时装业起家，发展到家居百货、餐饮酒店、商业网络等，无所不做，年收入达数十亿美元，成为时装界的第一把交椅。

皮尔·卡丹在20世纪70年代后期，就开

始了中国之旅，他为中国时装业制造了无数个"第一次"：第一次在中国大陆举办时装展示会；第一次在中国开设品牌时装专卖店；第一次把中国的时装模特带到法国巴黎展示中国传统服装等。所以，在皮尔·卡丹品牌诞生60周年，登陆中国30周年之际，中国服装设计师协会向卡丹先生特别颁发了"国际时尚功勋大使"荣誉证书，以表彰他为中国时装业发展所做的杰出贡献。（图6-12）

十三、圣·洛朗

伊夫·圣·洛朗（Yves Saint Laurent，1936—2008年）生于阿尔及利亚，父母是法国人。圣·洛朗很早就表现出对服装的兴趣。三岁时已能为玩具娃娃设计衣服；11岁那年，观看法国歌剧，回家后便用纸和布料仿制了歌剧舞台和服装，令家人大为惊讶。1955年他的设计草图被介绍给迪奥，于是被聘为迪奥的助手。1957年迪奥去世，年仅21岁的圣·洛朗成为了这家全球最有声望的时装公司的首席设计师，主持设计春夏系列服装，做出了被称为最美丽、最年轻的设计，但由于迪奥的老顾客们认为圣·洛朗过于激进，1960年他被炒了鱿鱼。之后他应征入伍，但又因精神崩溃而提前退役。在好友的强大财力支持下，1962年26岁的他拥有了属于自己的时装公司。

圣·洛朗的设计着力追求高级女装的完美，并赋予时装纯粹的艺术品位。他曾经说过："每一种艺术都有自己的表达方式，我的艺术是用服装来表达，我要赋予时装一种诗的意境。"在设计中，圣·洛朗将艺术、文化等多元因素融入服装设计中，从中汲取敏锐、丰富的灵感。最让人称奇的是圣·洛朗长于将绘画色彩用于服装中，在对色彩的运用和搭配上，就目前来说是"前无古人，后无来者"。圣·洛朗的时装没有挺括的外形和复杂的裁剪，但用料精致讲究，线条温和，从圣·洛朗的时装中，我们看到的是时尚与传统、艺术与工艺的完美结合。

他是第一个采用黑人模特展示服装的设计师，同时又是将"中性化"概念引入时装界的人；以及首创衬衫式夹克和双排纽扣厚呢上装。经典的设计还有1965年著名的"蒙德里安"主题秋冬系列服装；1966年的"波普艺术系列"服装；1968年的非洲"狩猎外套"和大胆启用不戴胸罩的模特展示薄透时装；70年代开创嬉皮士服装潮流以及利用绘画大师毕加索、凡·高作品设计的服装……他开创的时装潮流，几乎被世界上每位成功设计师所追随，不愧是懂得如何在变革

图6-13 圣·洛朗及设计

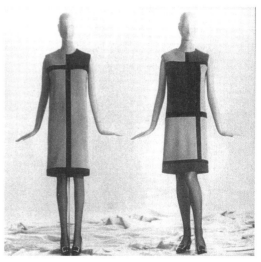

和延续性之间寻求完美平衡的天才。

经过多年的努力，他被誉为20世纪时装界"五星级"设计大师；1985年3月法国总统亲自授予他荣誉军团骑士级勋章，表彰他对法国时装业的贡献；1985年5月还在中国美术馆举办个人服装设计25年作品回顾展。这是继在美国纽约大都会博物馆展出后首次到中国；同年10月，又获美国奥斯卡作品头奖。1998年在法国世界杯足球赛开幕式上，世界各地300多名模特穿着他40多年创作设计的经典时装覆盖整个绿茵场，开创了史上最多模特同时展示时装的先河。他2002年退休，告别时装舞台，2008年6月1日在法国巴黎去世，享年71岁。业内人士均表示，他的离世标志着一个时代的结束，是法国时尚界的一大损失，也会影响整个高级时装工业的发展。（图6-13）

十四、库雷热

安德烈·库雷热（Andre Courreges，1923—2016年）出生于法国与西班牙交界的波城，年轻时加入空军参加了第二次世界大战之后，本来是学习建筑土木工程专业的库雷热决定改变自己人生的方向，到巴黎服装工业高等学院（ESIV）学习时装设计，之后投身著名时装大师巴伦夏卡门下，潜心研究服装结构11年后，在巴伦夏卡无息贷款的帮助下，他和妻子在1961年创建了自己的时装店。起初他严格遵循巴伦夏卡保守优雅的设计风格，后转向未来主义风格和极简抽象艺术风格。

1963年发表了在白色纱料上装饰有滚边和刺绣的细长裤，他是第一个将裤装引入高级时装的设计师。同年又将裙子下摆缩短到膝关节处，并选用双腿修长、体格健壮、不化妆的年轻模特展示其时装。

1964年，第一个未来主义时装系列面世，就是"月亮女孩"（Moon Girl）时装系列，以银白色调为主调，银色紧身裤（Leggings）配白色PVC短靴，而且更把盔甲披在身上。

1965年，第一个推出太空时代系列时装（Space Age Collection），他的迷你裙设计不是贴身的，并且搭配带动太空装的潮流：几何型剪裁、超迷你短裙、针织连身短裙和白色以"去引导"（Go Go Boot）为注册标志的高筒靴，成为太空造型的基本元素。这次表演结束后，库雷热不仅解放了时装，也解放了穿时装的女人。同时，在海峡那边，英国一个年轻的设计师玛丽·奎恩特设计了她自己的超短裙，正因为如此，安德烈·库雷热在"谁发明了迷你裙"这个问题上与玛丽·奎恩特大打笔墨官司。玛丽使超短裙在大众生活中流行；而库雷热将超短裙引入高级时装界，让超短裙变成更高雅、更体面的服装，而不是只能期待在街头看到的流行服饰。此后，超短裙则以更快的加速度在全世界普及，1968年达到了顶峰。

1969年，又推出自己第二个主题系列"未来时装"（Couture Future），其造型体现了一种轻盈的运动感，以针织面料制成的紧身装包括了弹力紧身裤和紧身连衣裤等，这种十分贴身的装束事实上是他个人爱好的又一次外露，他说他真正想设计的其实是

图 6-14 安德烈·库雷热及其设计作品

运动装，因为自己就是一个登山爱好者。强烈的个人偏好使他最终认为，只有长裤才能让女性得到完全的自由，于是迷你裙在他那里很快就过时了。中性化是库雷热的一个设计基调，他曾预言，女装至少应当像男装一样具有实用性。

库雷热这种对传统的冲击，对禁区的突破以及设计理念上的创新奠定了他 20 世纪后半期服装设计的方向。因此，他被人们誉为 20 世纪继保罗·波烈、香奈儿、迪奥之后，现代服装设计史上又一块里程碑。（图 6-14）

十五、玛丽·奎恩特

玛丽·奎恩特（Mary Quant，1934 年—）生于英国威尔士的阿伯腊斯特威思。16 岁来到伦敦，就读于伦敦金饰学院绘画系，毕业以后在女帽商埃里克的工作室里开始了她的设计生涯。1955 年，她和丈夫在伦敦著名的英王大道开设了第一家"巴萨"百货店。他们的服务对象主要是年轻人，推出的第一件服装就是后来名闻遐迩的"超短裙"，又称"迷你裙"。

著名服装专家 A. 布莱克和 M. 加兰德教授的巨著《时装历史》中关于"五花八门的六七年代"的一章开头写道："伴随着玛丽·奎恩特的伦敦英王大道上的'巴萨'百货店的开业，在时装历史上一个始料未及的崭新一页开始了。"

1963 年，玛丽·奎恩特成立了"活力集团"公司，以"超短裙"为代表的青年女装，猛烈地冲击着世界时装舞台。伴随着皮靴、长发的"嬉皮士"，带来了波及全世界的大震荡，被史学家称之为"伦敦震荡"。

超短裙的出现迅速席卷世界各地，玛丽·奎恩特始创了服装史上裙子下摆最短时代的同时，还首创设计各种颜色和带图案纹样的连裤袜；开创了年轻女孩流行几何发型和使用迷幻色彩与假睫毛的新时代。同时初创长肩带式挎包和低臀宽腰带，她还是

图 6-15 奎恩特及其设计作品

第一个使用 PVC 材料设计服装与靴子的设计师。这些创新在服装史中都具有划时代的意义。玛丽·奎恩特从一个普通女设计师很快成为一位精明的企业家；从 20 台缝纫机和 20 多个工人，发展到年收入 1200 多万美元，拥有分布在全英的百余家时装商店。其经营的范围还遍及许多国家，仅美国就有 320 位经销商，她因此成为百万富商行列中的一员。英国女王伊丽莎白二世为表彰玛丽·奎恩特在服装行业上的卓越贡献，亲自授予她"第四等英国勋章"。玛丽·奎恩特成为 60 年代红极一时的时尚代表。她不同于其他设计大师们，她不是一个自始至终的时装设计师，但她曾经是 20 世纪 60 年代伦敦时装狂飙运动的领袖，青年人的时尚偶像，她被人们誉为"超短裙之母"。她像一颗彗星一样迅速升起，像焰火一样光芒四射，但又很快在时装界里消逝，是一位具有叛逆青年特色的时尚设计师，也是在服装历史长河中不可被遗忘的重要的时尚引领者。（图 6-15）

十六、帕克·拉邦纳

帕克·拉邦纳（Paco Rabanne，1934 年— ）生于西班牙巴斯克自治区的圣塞瓦斯蒂安，母亲是著名时装设计大师巴伦夏卡的主管裁缝。1939 年，为躲避内战，他和全家一起离开西班牙来到法国。拉邦纳在巴黎学习九年建筑设计后，又从事首饰设计，后转入时尚界从事服装设计。先后为巴黎当时最著名的时装设计师巴伦夏卡、皮尔·卡丹、纪梵希等人工作八年，他对这些大师的设计可以说是了如指掌。后又到迪奥公司工作，为公司设计塑料首饰，最终找到自己的定位，从而自立门户，在巴黎开设了自己的设计事务所，专门设计新潮的服饰。

帕克·拉邦纳最擅长用非织物面料设计时装，1965 年初次发表以塑料为材质的服装设计作品，引起了设计界的震动；1967 年推出纸礼服和铝箔礼服；1969 年又推出以金属材料为主的礼服。他所设计的服装全部采用非常特殊的材料，是第一个将特异的素材引入服装设计的人。他所设计的服装，被人称为"不能穿的时装"。然而，拉邦纳的这些另类服装设计，却得到好莱坞和世界各国演艺界的欢迎，他们喜欢穿着拉邦纳

图 6-16 帕克·拉邦纳与作品

设计的奇装异服,在公共场合吸引媒介和大众关注。他设计的服装充满了未来主义色彩,正是这个时期人们所追求的形式。好莱坞许多电影明星都穿他设计的服装,通过媒体和电影的传播,他的设计自然得到世界性的认可。他是获得法国时装最高奖"金顶针奖"的设计师,被人们誉为"玩弄金属的设计师",他与皮尔·卡丹和安德烈·库雷热三人被同行誉为世界三大"未来派"服装设计大师。

1977 年,他风格突变,推出具有强烈色彩对比的衬裙的彩色布礼服。到 20 世纪 90 年代,在经过近 30 年的设计探索之后,拉邦纳突然感到自己依然不敌库雷热的设计,在未来主义的表现上,始终没有能够具有库雷热的前卫观,他感到失落。在 1999 年,突然宣布退出时装界,从此过起隐居生活,消失在公众视野中。(图 6-16)

十七、卡尔·拉格菲尔德

卡尔·拉格菲尔德(Karl Lagerfeld,1938—2019 年),人称"老佛爷",生于德国汉堡一个富裕的家庭,父亲是一位实业家,在汉堡拥有庞大的乳制品帝国。母亲则是一位有着时装怪癖的女人,常常带着年幼的拉格菲尔德专程去巴黎逛时装店,使得他从小就酷爱优美时装,五岁就开始学习法语,14 岁随家人移居巴黎,并在此完成学业。1954 年,16 岁的他就获得国际羊毛局举办的设计竞赛;第二年就成为当时声望很高的时装大师巴尔曼的助手,工作了三年半。不久又受聘于著名的让·帕杜(Jean Patou)公司担任设计师。五年后正式离职,成为自由设计师。

20 世纪 60 年代中期,卡尔·拉格菲尔德真正迈入时装界,先后为法国名牌"蔻依"(Chloe)和意大利的皮草世家"芬迪"(Fendi)担任设计师。他设计的"蔻依"品牌女装,被舆论界公认为格调高雅、唯美浪漫而且非常实用,最能体现巴黎时装的精神本质;他为芬迪设计的经典时装以及双 F 标志,获得全球时装界的瞩目及好评,并将芬迪品牌推到高级时装一线的位置。

20 世纪 70 年代,卡尔·拉格菲尔德开始使用化纤面料设计服装,并善于使用无缝

图 6-17 卡尔·拉格菲尔德及其设计作品

或假叠层的方法设计现代"蔻依"。这种便装化时装深受人们的欢迎；1975 年，创建著名的"蔻依"香水品牌，这也是他最成功的作品之一。

1983 年，他又受聘于著名的香奈儿公司，出任首席设计师。在外界普遍不看好的情况下，成功地使品牌复活，令香奈儿成为世界上最赚钱的时装品牌之一。1987 年出于品牌宣传的目的，开始了摄影生涯，之后，除了设计工作以外，香奈儿、蔻依、芬迪等品牌时装广告多数出自其拍摄，他由此成为了一名专业的时装摄影师。他还在法国凡尔赛宫举办过自己的摄影展，用独特的视角诠释法国文化与历史遗产。

2007 年，拉格菲尔德在中国长城举办"芬迪"时装品牌发布会，成为全球首位登上长城举行发布会的设计师。他是一位少有的身兼数职，异常忙碌，又极受大众欢迎的服装设计大师，被媒体赞誉为"时装界的凯撒大帝"。（图 6-17）

十八、瓦伦蒂诺

格拉瓦尼·瓦伦蒂诺（华伦天奴，Giovanni Valentino，1932—）生于意大利米兰北部的沃盖拉。他 17 岁就读于巴黎一所高级女子时装设计工会学校，接着来到盖·拉克（Guy Laroche）的工作室，成为这位格调高雅、作风严谨大师的得力助手。

1960 年，瓦伦蒂诺踌躇满志地回到故乡,首次展览便受到欢迎，其作品被称作为"一种真正的新发现"。到 1965 年，瓦伦蒂诺已经确立了自己在意大利时装中的领导地位。1967 年，凭借其在时装设计中非同寻常的杰出贡献，获得了时装界奥斯卡奖。但他正式登上世界时装设计的顶峰是在 1968 年的一次神话般的"白色收藏"展览上，这次展览也标志着扣子、口袋及妇女全套附属品上的"V"字的引入。瓦伦蒂诺的服装出现在美国《时代》《生活》杂志的封面上。至此，瓦伦蒂诺在世界时装舞台建立了稳固的名声与地位。

瓦伦蒂诺在时装设计上，尽量采用使穿者感到舒适的布料，并能充分表现其优雅的线条。他设计的高级女装精美典雅，充满女性魅力，因此在欧洲名流社交圈中，广

图6-18 瓦伦蒂诺及其设计

受女士们的热爱，名人、贵妇和摩纳哥王妃等都是他的常客。

"追求优雅，绝不为流行所惑"，这是瓦伦蒂诺的设计理念。由于他敏锐而感性的创造力，致使他开拓了时装发展的新纪元。即使在20世纪70年代末与80年代初，世界上流行宽松长大的回归之风，但瓦伦蒂诺始终坚持自己的品位，追求雍容华贵、精雕细琢的女性美，保持一种大都市和贵族化的气派。

除了女装与男装的设计外，1969年起，瓦伦蒂诺又继续开发了一系列作品，香水、皮鞋、太阳眼镜、室内装饰品、随身皮件、打火机、烟具等产品，总数有58项之多，经销网遍及世界各大城市。在拥有四座如神话似的豪华巨宅以及游艇的生活形态中，他被誉为"意大利流行界的天王"。

在1992—1993年秋冬系列里，这位大师又一次充分展示了他那精美绝伦的剪裁技术。高级进口的面料和华贵奢侈的风格，黑色加上金色的刺绣，透出缕缕神秘的含蓄之美。2008年1月，瓦伦蒂诺这位在罗马地位仅次于教皇的优雅绅士，完成高级女子订制时装展后正式引退，由此宣告了一个时代的结束。（图6-18）

十九、温加罗

伊曼纽尔·温加罗（Emanuel Ungaro，1933—2019年），父亲是一个意大利裁缝，在温加罗出生之前，他父亲就移民到法国南部的爱克桑省。温加罗受父亲的影响，从小就对服装设计十分感兴趣。20岁时他来到巴黎，进入巴伦夏卡公司，在六年的工作中，学习到许多服装裁剪技术。后又到库雷热公司工作，使他的裁剪技术和设计理念更加成熟，他于1965年在巴黎独立开店，温加罗设计的第一个时装系列因其独特的印花图案而获得巨大的成功，这种印花成为他设计的水准基点；他设计色彩鲜艳的运动夹克和短裤，初步显示出他的特点和才能。他喜欢用非常强烈的鲜艳色彩搭配设计，被人们誉为"服装配色大师"。他喜欢在胸前设计大花图案，在身上使用团锦。夸张和欢乐的情绪，充满了他的所有设计。同时，他的设计非常注重突出女性人体的线条，有时暴露部分身体，

图 6-19 温加罗及其设计作品

因此很性感。这种大胆的设计处理和色彩、图案、裁剪等结合起来，很能征服一批顾客的心。温加罗从不画效果图，他总是拿着面料直接在模特身上设计，平均每天工作 12 个小时。由于他的勤奋和努力，赢得了在巴黎时装市场的一席之地。他于 1980 年春夏和 1981 年秋冬两次荣获时装界最高奖项"金顶针"奖。在世界各地拥有 55 个营业执照，26 家专卖店，数家香水店，服饰品系列及许多忠实的顾客和名人用户，他的公司已经成为国际时装王国。1995 年，他专程来到中国参加上海国际文化节。他认为："时装设计不是一种单纯的艺术，首先应是一门手工艺。"

1996 年，意大利菲拉格慕（Ferragamo）集团兼并了他的公司，但是仍然保持着温加罗在公司中首席服装设计的领导地位。1999 年，温加罗推出自己新的系列服装，展示他基于现代主义特色的嬉皮士时装，尽情显示了他的才华和设计功底。（图 6-19）

二十、小筱顺子

小筱顺子（Junko Koshino，1939 年—）生于日本大阪的一个服装世家。母亲小筱绫子是日本著名和服制作专家，被誉为"时尚之母"；姐姐小筱弘子（Hiroko Koshino）和妹妹小筱美智子（Michiko Koshino）都是当今日本著名服装设计师。小筱顺子从小就对服装入迷。高中毕业后，她进入日本文化服装学院设计系学习服装设计，1960 年，19 岁的她便获得日本文化服装学院第七届"装苑奖"，毕业后的小筱顺子便租了一个三层的工作间，从此开始了她的服装设计道路。

20 世纪 60 年代巴黎时装界的"未来主义""太空风貌"对她的设计产生了长远的影响。她的服装充满了对乌托邦式的未来世界的憧憬，甚至有神人合一的感觉。1967 年，在东京首次举办个人服装设计作品展示会；1978 年，在巴黎举办处女秀，并加入巴黎高级成衣协会，是日本迈向 21 世纪"艺术运动"的主要倡导者。1985 年，首次来中国在北京饭店举办题为"依格·可希侬（JK）的时装作品展示会"；1986 年，在北京前门珠市口开设服装专卖店；1992 年，在北京国家历史博物馆举办个人服饰设计展。

小筱顺子由于从小立志要成为一名画家，使得她能以艺术家思维、感性的眼光来处理时代性，并反映在自己所设计的服装上。除了女装之外，她也经手男装、童装的设计。在注重价值的情况下，发表具有强烈个性的时装，引起人们注意。小筱顺子的设计多采用四方型剪裁方法，讲究几何线条造型，并偏爱以新颖的材料做不同设计尝试。

图 6-20 小筱顺子与作品

使服装整体造型呈现前卫风格，视觉冲击力强，表现出丰富的想象力；同时黑色也是小筱顺子常用的色彩，因为黑色能平衡造型带来的冲击，如果不用黑色，那么一定就是纯色，因为在流浪的心态里融合希望与和平的信仰是她需要达到的境界。（图 6-20）

二十一、三宅一生

三宅一生（Issey Miyake，1938 年—）生于日本广岛。父亲是一名职业军人，母亲是位贤淑坚强的家庭妇女。三宅小时候曾患脊椎炎，由此留下了两腿长短不一、走路微跛、常感到刺痛的遗患。他早年梦想当一名画家，后进入东京多摩美术学院设计系学习服装设计；1964 年毕业后，其赴巴黎深造；先后成为著名时装设计师基·拉罗修（Guy Laroche）和纪梵希的助手，1970 年结束西方的学习回到日本，并在东京开办了"三宅时装设计所"。

三宅一生最大的成功之处就在于"创新"，巴黎装饰艺术博物馆馆长戴斯德兰呈斯称誉其为"我们这个时代中最伟大的服装创造家"。他的创新关键在于对整个西方设计思想的冲击与突破。欧洲服装设计的传统向来强调感官刺激，追求夸张的人体线条，丰胸束腰凸臀，不注重服装的功能性，而三宅则另辟蹊径，重新寻找时装生命力的源头，从东方服饰文化与哲学中探求全新的服装功能、装饰与形式之美，并设计出了前所未有的新观念服装，使身体得到最大自由的服装。他的独创性已远远超出了时装的界限，显示了他对时代不同凡响的理解。1983 年，他分别获得美国时装设计协会奖和尼曼·麦克斯奖。

在造型上，他开创了服装设计上的解构主义设计风格。借鉴东方制衣技术以及包裹缠绕的立体裁剪技术，在结构上任意挥洒，任马由缰，释放出无拘无束的创造力和激情，往往令观者为之瞠目惊叹。在服装材料运用上，三宅一生也改变了高级时装及成衣一向平整光洁的定式，以各种各样的材料，如日本宣纸、白棉布、针织棉布、亚麻等，创造出各种肌理效果。1992 年，三宅推出皱褶服装系列，很快被不同年龄与气

图 6-21 三宅一生及其设计

质的女性所采纳。说它是时装，不如说是一种新的概念，其中包含了无法用言语表达的内涵。三宅一生被称为"面料魔术师"。他在设计与制作之前，总是与布料寸步不离，把它裹在、披挂在自己身上，感觉它，理解它，他说："我总是闭上眼，等织物告诉我应去做什么。"他将自古代流传至今的传统织物应用了现代科技，结合他个人的哲学思想，创造出独特而不可思议的织料和服装。"一生褶"是一般大众对三宅一生品牌最直接的印象。三宅一生的褶皱不止是装饰性的艺术，也不只是局限于方便打理。他充分考虑了人体的造型和运动的特点。在机器压褶的时候，他就直接依照人体曲线或造型需要来调整裁片与褶痕，因此被人们称为"褶皱大师"。（图 6-21）

二十二、高田贤三

高田贤三（Kenzo Takada，1939—2020 年）出生于日本大阪附近的姬路市，他从小在他父亲的茶叶店里长大，母亲为家庭主妇。他毕业于日本文化服装学院。1960—1964 年，任"三爱"（Sanai）百货公司设计师及日本《装苑》杂志图案设计师。1965 年，他终于到达心中的圣地巴黎学习设计，开始了他人生中质的转变。他经历了旅途中异域风土人情的冲击洗礼，初抵法国人地两疏的清冷孤独，以及成名前忙于生计的艰辛奔波。但同时，五花八门的巴黎时装强化了他的时装观念，促成了他在时装设计理念和技巧上的成熟。高田贤三抓住法国 *ELLE* 杂志发掘新人的机遇，成为 Bon Magique 品牌的设计师，打开了通向巴黎时装舞台的成功之门。

1970 年他自立门户，在巴黎维维安长廊开设了一家服装专卖店。受法国画家卢梭作品的启发，他将店面装饰成像"丛林"一样的感觉，并将其品牌命名为"日本丛林"（JUNGLE JAP）。其间，每年推出五个系列，在维维安长廊展出，因其设计风格鲜明而独特，很快被人们接受。1971 年，随着仰慕者的增多和订单量的不断扩大，他随即调整自己的设计与管理结构，开始加入官方成衣系列发布日程当中。

图 6-22 高田贤三与作品

高田贤三服装设计中的色彩与图案均取自大自然，他喜欢猫、鸟、蝴蝶、鱼等可爱的小生物，尤其倾心于花。包括大自然的花、中国的唐装与日本和服上的传统花样等。他使用上千种染色及组合方式，包括祖传手工印花、蜡染等方法来表达花，从而使他的面料总是呈现新鲜快乐的面貌。他设计出的色彩和图案像万花筒般变幻无穷，被人们称作"色彩魔术师"。

经过几十年的设计生涯，高田贤三始终坚持将多种民族文化观念与风格融入服装设计当中，他不仅是时装界的杰出人物，亦是多元文化的推崇者和融合者。生自日本现已定居法国的他从各式各样的文化模式之中吸取精华，将各种不同的文化有机结合，成为时装界创意设计师的"明星"，他和卡尔·拉格菲尔德成为当时巴黎最热门的服装设计师，并称为"巴黎双 K"。（图 6-22）

二十三、韦斯特伍德

维维安·韦斯特伍德（Vivienne Westwood，1941 年—）生于英国一个工人家庭，她的成就要归于她的第二任丈夫，一个英国著名摇滚乐队"性枪手"的组建者和经纪人的启发与指点。她使摇滚具有了典型的外表，撕口子或挖洞的 T 恤、拉链、色情口号、金属挂链等，从 1972 年起，其作品确立了自己反常规服装设计风格，并一直影响至今。

随着"朋克"走向世界，韦斯特伍德的知名度亦愈来愈高。1983 年春，她第一次到巴黎举办时装发布会，正式推出"女巫"系列，这是一组暴露下腹部的现代服装，用不按规律拼缀的色布、粗糙的缝线、邋遢的碎布块和各色补丁装饰，设计成一种前所未有的"时装"。她的挑战虽然不可能获得全社会的共鸣，但毕竟使她赢得了世界的瞩目，成为青年人崇拜的偶像，被年轻人誉为时装界的"朋克之母"。

韦斯特伍德的设计构思是在服装领域里最荒诞、最稀奇古怪的，也是最有独创性

图6-23 韦斯特伍德及其设计

的。20世纪70年代末，她多使用皮革、橡胶制作怪诞的时装；膨胀如鼓的陀螺形裤子；不得不在脑袋上先缠上布的巨大毡礼帽；黑色皮革制的T恤衫；海盗式的绉衣服加上美丽的大商标。甚至在昂贵的衣料上有意撕成洞眼或做撕成破条的"跳伞服装"。80年代初期，她是第一个将"内衣外穿"的设计师，甚至将胸罩穿在外衣外面，在裙裤外加穿女式内衬裙、裤，她还扬言要把一切在家中的秘密公诸于世。她的种种癫狂设想，常常使外国游客们毛骨悚然。她甚至可以使衣袖一个长一个短，长的到四英尺，撕成碎块，拼凑不协调的色彩，有意缉出粗糙的缝纫线。总之，这些都成为她的设计手段，或者说设计风格。

韦斯特伍德正是追求这么一种观念，粗鲁地反对当时的社会政治，抵制传统的程式服饰。她的服装常常使穿着者看上去像遭到大屠杀后的一群受难者，但又像是心灵上得到幸福、满足的殉难者。所以，她被认为是伦敦最有创造力的勇敢设计家，她的主导思想是"让传统见鬼去吧"！

即使用"颓废""变态""离经叛道"等字眼来形容韦斯特伍德的服装，也绝不过分。因为她那种长短不一，稀奇古怪，没有章法的服装着实让西方时装界大吃一惊，人们可以不恭维她的杰作，但不能不被她独特的设计思想而震慑。不管对韦斯特伍德的设计或褒或贬，但人们不得不承认她那罕见的、乖僻古怪的设计思想对当今服装界的贡献。她的设计受到了80年代时髦青年的欢迎，尤其是伦敦的青年"朋克"们，使得韦斯特伍德的服装具有世界影响。海福尔德评论说："她是过去10年里英国最有影响的设计家，她的设计思想从根本上改变了我们的服装观念。"尽管她的设计没有成为巴黎时装界的主宰，也未能形成潮流，但她的影响主要是在观念上的，她的设计观不但极大地冲击了传统时装界，而且代表了激进的年轻一代。从某种意义说，她像20世纪60年代的玛丽·奎恩特一样，给予这个时装世界以剧烈的撞击。（图6-23）

二十四、阿玛尼

乔治·阿玛尼(Giorgio Armani,1935 年—)生于意大利的著名艺术之城——皮亚琴察。他从小就热爱艺术,但父母坚持送他去米兰学医,后又入伍做了三年助理军医。1954 年退伍,纯属偶然,在意大利著名百货商店找到了布置橱窗的工作,不久他被调到时装部,从此使他撞进了世界时装大门,开始积累和学习时装的全部知识和技巧。1964 年,阿玛尼为当时有意大利时装之父称号的尼诺·切瑞蒂(Nino Cerruti)设计了一个男装系列,获得了切瑞蒂的赏识。在大师的引导下,阿玛尼很快便领会了服装设计的精髓,他也由一名普通的学徒变成了切瑞蒂最得力的助手。

1970 年,已小有名气的阿玛尼在朋友的劝说下,开设了自己的服装工作室;1975 年,经过五年的艰苦创业,成立了自己的服装公司,并用自己的名字命名创立乔治·阿玛尼品牌,将设计的重点由原来的男装转向女装。到了 20 世纪 80 年代初,阿玛尼夸张肩部的女装设计,越来越受到人们的赞赏。他的设计风格显示了一种新时代女性含蓄而高雅的气质。正像美国《时尚》杂志编辑格雷斯·米拉贝拉对他的评价,阿玛尼是"有风格而不过于雕琢";美国时装设计师比尔·勃拉斯说:"他的女装款式的设计具有独到之处,无懈可击,他是时代的天才。"谁也没有预见到,世界时装经历了六七十年代激荡潮流的冲击之后,竟出现了严谨、高雅、具有男性气概的风格。阿玛尼创造的这一样式饱含 80 年代"重新选择"的时代特征,并将在时装舞台上继续它的历史使命。

尽管阿玛尼在女装的设计中更多地引入男装元素,可是他从来不承认自己的设计是中性的。所以他在移植时,不是简单地照搬,而是每个部位都必须谨慎处理或加以合理改变,这使得他设计的女装不是简单地具有男子气,而是富有强烈的女性感。进入 90 年代,阿玛尼的服装风格日趋成熟,也更加追求高级面料的使用。阿玛尼一直都认为高级服装提供给人们的首先是舒适度,然后才是设计样式。即便是高级晚装,阿玛尼也会将其设计得清新自然。阿玛尼有这样一条原则:"我总是让人们对衣服的感觉与自由的感觉联系在一起,他(她)们穿起来应该是自然的。"阿玛尼的女装既不性感也不华丽,他的"极简主义"风格和高档舒适的面料成为绝佳组合,更赋予了女性自信坚强、含蓄高雅的气质。阿玛尼为 80 年代的主题做了聪明的注脚,他没有追求不朽的风格,但却创造了伟大的风格。(图 6-24)

图 6-24 阿玛尼与作品

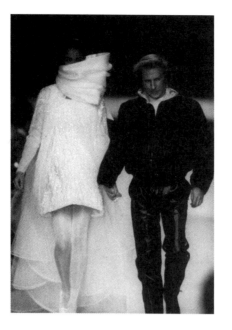

图 6-25 蒙塔纳及其设计

二十五、蒙塔纳

克劳德·蒙塔纳（Claude Montana，1949年—）生于法国巴黎，父亲是经营服装面料的西班牙人。1971年开始在大学学习天文和哲学，其间曾去伦敦学习首饰设计，他设计的陶质饰品获得成功，作品曾发表于《时尚》杂志。1972年回到巴黎，进入麦克·道格拉斯毛皮和针织服装公司任首席设计师。1973年，他的作品获"法兰西精品"奖，从此他成为了著名的服装设计师。他设计的宽肩服装主导了以后相当长的流行时尚。

1975年，蒙塔纳与米歇尔·哥斯达公司签约合作，于第二年举办了首次时装发布会；1977年首次在巴黎举办了个人时装展，他设计的"朋克装"给人耳目一新的感觉。因为其作品的怪异、咄咄逼人却又充满活力，给人一种反传统、反体制、带有破坏性的感觉，他被时装界戏称为"坏孩子"。1979年，他创立了自己的品牌，拥有了包括男装、女装、服饰配件和香水等12项专利。

1989年，蒙塔纳受聘加入著名的"朗万"（Lanvin）时装公司任首席设计师，在朗万公司工作期间，分别在1990和1991年两度荣获"金顶针"大奖，被时装界公认是最杰出的新一代设计大师。

蒙塔纳的女装设计强调服装结构上的精确裁剪，注重优美的服饰细部结构。造型外观简洁、轮廓鲜明，但不失女性的柔美，可谓外刚内柔，作品具有轻快舒畅的感觉。由于蒙塔纳的设计常用黑色皮革作为服装面料，并用金属材料镶边，显得又冷又酷，所以他曾被责难"为法西斯设计"。蒙塔纳对皮革情有独钟，不但设计了大量的皮革时装，他自己也常常穿着皮夹克。虽然他的超尺寸的皮制时装并不是人人都赞赏，但是他仍然是公认的皮革服装设计大师。他认为设计皮革服装要有一点野心，更要有强烈的结构感。蒙塔纳从1979年公司开业到1998年企业破产倒闭，在短暂的19年服装设计生涯中，给服装界留下辉煌灿烂的一页，他设计的服装成为20世纪80年代的象征。（图6-25）

二十六、川久保玲

川久保玲（Rei Kawakubo，1942年—）生于日本东京，父亲是日本应庆大学的教授，她也就读应庆大学，在大学期间就对美术产生了浓厚的兴趣。1964年，她毕业之后到一家服装布料公司上班，并在1967年正式成为一名独立服装设计师，1973年成立了COMME品牌。1975年，川久保玲33岁时，在东京举行首次女装发表会。1978年这一品牌开始有男装HOMME。

图 6-26 川久保玲及其设计

　　1981 年，川久保玲同山本耀司第一次参加巴黎时装展，并推出自己的时装设计作品，她出奇大胆"对传统观念挑战"的设计，震惊了巴黎记者与时装界。她所设计的服装与西方服装完全不同，西方服装设计强调突出人体美，她的设计是包裹人体，不追求性感表现，甚至也不对称，服装松垮，袍子棱角分明，色彩阴暗，形似"乞丐装"，打破以往传统服装的模式，给人全新的视觉感受。由于她设计的服装以全身黑色居多，因此，形象地被人们称为"乌鸦族"的鼻祖；系列服装中因有带洞的毛衫和绽开毛边的衣裤，而被称为"Polo Look"的创始人。

　　1989 年春夏展示会上，川久保玲推出带有荧光色的长筒丝袜面料；同年秋冬又推出无袖披肩式夹克上装和独具民族风格的刺绣装饰。1990 年推出"人造纤维"醋酸人棉丝绒连衣裙、无纺布风衣等服装。

　　在日本的知名服装设计师当中，川久保玲是少数几个未曾到国外留学，而且未曾主修过服装设计的特殊设计师。但她不仅是一个获得过众多奖项（包括伦敦皇家艺术学院颁发的名誉博士学位、美国时尚技术学院的荣誉学位）的公认的艺术家，她还建立了独立的时装公司，拥有大约 200 个专柜或精品店遍及全世界，据媒体报导，川久保玲的这一服饰品牌年盈利平均约为 150 万美金。在美国，川久保玲的公司经常捐款给孤儿院和美国棒球协会。1988 年，川久保玲开始发行称为 *Six* 的自己的杂志。她已然成为 20 世纪女性服装设计师中的重要人物，她的前卫服饰设计闻名全球，受到许多时尚界人士的认可和年轻人的喜爱。（图 6-26）

二十七、山本耀司

　　山本耀司（Yohji Yamamoto，1943 年—）出生于日本第二大城市横滨，父亲是一名职业军人，在他很小的时候就在战争中去世，母亲是东京城一名社区裁缝。山本从 20 世纪 60 年代初，就开始帮母亲打理裁缝事务。那个时候，东京的裁缝们地位低下，他们必须走家串户才能做到生意，而且只能走小门。在服装的裁剪上，也完全没有自

图 6-27 山本耀司及其设计

己的主张，只能小心翼翼地照着西方流行的式样为雇主效力。但山本耀司却不甘于此。他从庆应大学法学院毕业后，又到日本文化服装学院就读服装设计专业。后又去欧洲学习服装设计，并在巴黎停留了一段日子。回到日本后，他决心再也不让别人将自己视为下等人，因为他已经认识到，服装设计可以和绘画一样成为一门具有创造性的艺术，并于 1966 年获得"装苑奖"和"远藤奖"。

1972 年，山本耀司建立起自己的服装设计工作室。1976 年，第一次发布服装设计个人作品展。在 70 年代中期被公认为是先锋派的代表人物。

1981 年，山本耀司和川久保铃在巴黎举行了一次备受争议的时装展示会，他们独特的设计，使穿着服装展示的模特和观众感到迷惑茫然，不知其服装是日本风格还是巴黎风格，这种模糊不清的感觉却正是他在文化上的独特理念。几年后西方的时装评论界才明白这位日本设计师已经引发了时装设计上的一次静悄悄的革命。日本时装是在 80 年代打入西方主流的，当时的时装处于色彩绚丽、缤纷多样时期，山本耀司的服装却基本采用黑色，成为当时的一种主要取向，成为流行。山本耀司本人也成为人们的偶像，成为时尚的制造者。1982 年，获得日本 FEC 大奖。他是 80 年代具有冲击力的时装设计师之一，代表着日本的时装界，对世界时装界也具有影响力。其新价值观是创造既非西洋也非东洋的个性化服装款式。

2008 年，在巴黎时装周上，山本独具匠心地启用了老人、大号黑人和普通模特同台表演，通过老太公式的绅士体现出低调的优雅以及山本耀司式的幽默。

2009 年在巴黎时装周上刚推出春夏新作后，曾经以左右不对称、黑色为设计主轴而闻名全球的日本设计师山本耀司，由于金融危机负债过高而宣布破产保护。（图 6-27）

二十八、戈蒂埃

让－保罗·戈蒂埃（Jean Paul Ganltier,1952 年—）出生于法国巴黎近郊一个小城镇，儿童时期受祖母影响，对服装产生了浓厚的兴趣。17 岁时他将自己的服装设计稿寄给皮尔·卡丹，并受到赏识，获得了跟在著名未来派设计大师身边学习的机会，期间学到了许多设计理念与工艺技术，这也为他日后成为设计师奠定了基础。1976 年，24 岁的戈蒂埃自己出资举办了第一次时装发布会，之后不到三年的时间，他就创立了自己的品牌。他总是从非同一般的人物、地点和故事中寻找灵感，作品显示出对欧洲传统习俗的嘲弄。其服装风格特点轻松随便、诙谐幽默，采用不可思议的色彩搭配和材料组合，设计风格以奇、异、怪、绝而著称，被誉为"前卫设计师""放荡不羁的神童""恐怖婴儿"等，1987 年荣获全法最佳服装设计师称号，同时获得奥斯卡奖。

"时尚就像房子，需要翻新"，这就是法国设计师让－保罗·戈蒂埃的名言。在他的世界里，没有什么应该做，什么不应该做。用什么方法并不重要，更重要的是如何创新，达至更新的境界——打破所有界限是他的作风。他反对传统，反对偶像崇拜，反对"巴黎"。他的时装通常举着反对主义的标牌，"叛逆"思想在他的品牌中得到出神入化的具体表现。他对性别观念提出挑战，倡导男人穿裙子、内衣外穿等颠覆性创新设计。1990 年，美国流行歌曲巨星麦当娜请他为自己的演唱会设计演出服，另类的演出服装通过电视转播和网络传输使他的设计传遍全世界，也开创了内衣外穿的先例。同时，戈蒂埃在设计中对戏剧化效果的执著追求让他成为各国电影人争抢的对象，来自不同地域、国家的大师级导演从四面八方向他发来邀请。

1997 年，为法国著名导演吕克·贝松执导的科幻电影《第五元素》设计的服装，荣获法国"凯撒"最佳服装设计奖。2000 年中国香港明星张国荣热情演唱会"从天使到魔鬼"的创意造型也是他的颠覆性设计典范。他将朋克艺术和通俗文化的元素融入流行的时装设计中，给时尚界带来了一次又一次惊喜。（图 6-28）

图 6-28　戈蒂埃及其设计

二十九、范思哲

詹尼·维尔萨切，又译范思哲（Gianni Versace，1946—1997年），生于意大利南部一个生活贫苦的家庭，他从小就在母亲的缝纫店里干活。九岁时，在母亲的帮助下设计了他有生以来第一套礼服，一种用丝绒做的单肩礼服。

1972年，到米兰开创了他的服装事业。不久，一个成衣商登门请他合作几套服装，范思哲初试身手，便一举成功。他设计的服装极为畅销，合作人高兴之余奖给他一辆大众甲壳虫轿车。1978年，在他的哥哥圣·范思哲和妹妹唐娜泰拉·范思哲的帮助下，开办了第一个时装设计商店，创立了第一个以他自己名字命名的系列服装 Gianni Versace 时装品牌。待到条件成熟后，范思哲便把全家接到米兰，以传统的家族联合方式创立自己的企业。80年代，他与摇滚乐明星搞联合，推出摇滚服系列；创建超模形象，如辛迪·克劳馥（Cindy Crawford），这是他事业的一个大转折。

范思哲设计顶峰的标志是1989年在巴黎推出的"工作室"（Atelier）系列服装，这是范思哲不满足称霸意大利而毅然决定打入法国高档时装界的第一步。很快，范思哲时尚帝国诞生了，里面经营着各类的时装、香水及室内陈设物品等，不到20年的时间实现了别人可能要花费100年才能完成的业绩，创造了服装界的又一个奇迹。1996年在全球创造了近46亿人民币的营业额，专卖店240多家，零售网点3650间。他本人也因此获得了"时装界的太阳王"的称号，成为可与意大利另外三位时装大师阿玛尼、古奇和瓦伦蒂诺比肩的奇才。1997年7月15日上午，他在美国迈阿密海滩自家别墅门前遭人枪击身亡，终年51岁；后来范思哲公司由妹妹唐娜泰拉担任艺术总监，继续他的时装事业。

范思哲称自己是"一半皇家，一半摇滚"，曾经荣获美国"音乐与时装奖""摇滚乐最佳时装设计师"称号。美国权威时尚《Vogue》杂志时装编辑盛赞他是"当代的米开朗基罗"。（图6-29）

图6-29 范思哲及其设计作品

图 6-30 费雷及其设计作品

三十、费雷

詹弗兰科·费雷（Gianfranco Ferre，1944—2007 年）生于意大利米兰一个企业家家庭。1969 年，他从米兰工业学院获得了建筑学学位，虽然大学里读的是与建筑有关的课程，但他对时装的兴趣始终没有消退过，而且越来越浓。他从设计珠宝与配饰开始，尝试迈出时装设计的第一步，还萌发了以此为事业的念头。

很快，他就被当时意大利最负声望的时尚新闻业内人士发现。他们的认可给了费雷很大的信心，于是他正式开始设计成衣，并为当时一些服装大企业工作。一次在搜集面料的印度之行中，他被东方式的线条处理与色彩的简洁所深深折服，他领略到纯净才是所有优秀设计的精髓，这种理念一直左右着他以后的设计风格。

1974 年，他为贝拉（Baila）品牌设计了他的第一套女性成衣系列，这是他为弗兰科·马东尼（Franco Mattioli）工作的作品，两人很快就成为合作默契的工作伙伴。费雷和他在 1978 年成立了詹弗兰科·费雷公司（The Gianfranco Ferre Company），推出了费雷个人女装系列。随后的几年里，女性香水、沐浴系列、男性香水与沐浴系列，以及男装和各种定位品牌线相继推出，他的知名度也日益攀升。

1989 年，费雷与迪奥公司合作，他被聘为迪奥公司的艺术总监，迪奥品牌高级女装与高级成衣系列由此被赋予了费雷的设计风格，也正是因设计迪奥的塞西尔·比顿的宽领带时尚装，而获得 1989 年的第 27 届"金顶针"奖，这段辉煌延续了八年时间。

或许是早年曾学习建筑的原因，费雷对设计风格的追求在一定程度上受建筑艺术原则的影响。无论潮流如何改变，他的设计一直坚持选用最昂贵的面料，利用几何线条处理衣领与衣袖的方式，用清晰的整体轮廓表达造型的原则。这些严谨的服装结构和利用建筑美学处理面料的方法，在他的设计中无处不在。通过这样的方式，女性线条被再次塑造，舒展热烈，貌似简单却蕴含丰富内涵。他迷恋条纹，因为条纹的格调轻松愉快，而且还带有男性化的刚强有力的信息。

求实精神是让费雷品牌获得成功的另一级阶梯。对市场的需求、生产环节、经济状况、主题风格表现以及推广传播等各种实际因素的综合考虑保证了费雷在市场上的成功。就连费雷品牌中最常见的粉红色也似乎是实用主义的产物。费雷曾这样解释他偏好粉红的原因："因为在所有的染料中，它最便宜。"（图6-30）

三十一、阿莱亚

阿瑟丁·阿莱亚（Azzedine Alaia，1940年—）出生于北非的突尼斯，尽管他个子矮小，其貌不扬，但却是具有服装设计的天才。早年在突尼斯的艺术学校里学习雕塑。18岁来到法国，在巴黎美术学校就读时萌发设计时装的志向，在一位赏识他的朋友的介绍下，他去了迪奥公司工作，但他只干了五天；他又曾在著名时装设计师蒂埃里·缪格勒（Thierry Mugler）那里工作过半年。阿莱亚在大师那里的学习和工作经历为他日后服装事业打下了良好的基础。

阿莱亚的事业是在巴黎一条安宁幽静的马路旁寓所开始的，20世纪70年代末，他首创用黑色皮革服装的优美曲线和臂铠式的铆钉装饰，一举成名。他的设计原则为"时装的基础就是人体"，其设计带有强烈的自我风格，并强调女性身体线条的美感，对许多设计家有相当的影响力。他曾在1986年获得"奥斯卡"金像奖，是80年代后期最为走红的巴黎时装设计大师。80年代曾有两个穿衣服的口号，一个叫"为成功而穿"，为成功而穿衣服的最集中的代表是拉克鲁瓦（Lacroix）的设计，而另一个口号是"穿出去杀人"，这里"杀人"的含义，其实是夸张地描述服装的"酷"，这类服装最具有代表性的设计师就是阿莱亚了。（图6-31）

图6-31 阿莱亚及其设计作品

图 6-32 拉克鲁瓦及其设计

三十二、拉克鲁瓦

克利斯汀·拉克鲁瓦（Christian Lacroix，1951 年—）生于法国的南部，他原来是学习美术的，希望能够在一家美术馆或博物馆当一名讲解员，当他遇到自己未来的妻子的时候，她的热情和横溢的才华感染了他。她是一名服装设计师，他从她身上认识到自己的未来应该是从事服装设计，他先到著名的服装公司打工学习，后又到东京日本皇宫从事服装设计工作，这些经历对他日后从事服装设计起到非常重要的作用。

1981 年，他为老字号时装公司帕托设计服装，其作品震惊了当时的时装界。1987 年，他在专门出品豪华用品的 LVMH 公司帮助下，开设了自己的时装店。他的第一次时装表演引起了像当年迪奥与圣·洛朗出道时的轰动效应，他的服装设计成为法国最受欢迎的设计之一，他曾经先后两次获得法国最高时装设计奖"金针奖"，其成就得到了世界同行的认可。他应邀到美国纽约访问，被视为时装设计界的王子一般。但是，当他去纽约推出自己超奢华时装系列的时候，正值纽约股市崩溃之时，人们正想摆脱奢华的服饰和生活，因此没有达到良好的效果。

1988 年，拉克鲁瓦第一次推出便装设计系列；1994 年，他又推出运动服装系列。但是，人们还是喜欢看到他的高级时装，认为他是恢复古典的、贵族式的法国服装气派的设计师。他不但能恢复贵族气派，同时也是一个具有独创精神和想象力的设计师。他把古典风格和朋克风格结合起来，从而创造出他人难以想象的服装来。由此，他为法国高级时装业注入新的生气，成为法国高级时装界的后起之秀。（图 6-32）

三十三、加里亚诺

约翰·加里亚诺（John Galliano，1960 年—）生于欧洲伊比利亚半岛南端的直布罗陀港口城市，父亲是英国和意大利的混血后裔，母亲为西班牙人，约翰六岁时举家迁居伦敦。他曾旅行到西班牙求学，其经历使得他对异国情调和地中海风格十分偏爱，直接影响了他日后的设计。1980年，他进入英国著名的圣马丁艺术学院学习，在这个培养艺术家的摇篮里，加里亚诺学过绘画和建筑，而最终却选择了时装设计，开始了不凡的设计之路。毕业之初，他的名为"灵感源自法国大革命"的作品便在布朗公司时装店的橱窗内展出。1985年，毕业第二年加里亚诺就打出自己的服装牌子，他对时装艺术的执著追求和杰出成就受到行业内的普遍尊重。1987年，他赢取了"全年英国设计师大奖"，从街头不知名的时装设计师一跃升至高级成衣时尚圈内的知名设计师。

1990年，加里亚诺应法国设计师之邀，加盟巴黎时装界。开始的几年，他掩饰锋芒，很少公开露面，以谦逊的态度和平静的心情反复观看巴黎名师的作品大展及其新形象。他于1994年10月，连续三周推出时装作品展示，犹如于无声处一声惊雷，轰动时装界。1995年，他加入纪梵希公司任设计师，因其天马行空的创意设计与公司秉持的正统、理性、儒雅的理念不相符，最终于1997年离开纪梵希掌印迪奥公司，开启了他最为辉煌的岁月，他华丽浪漫、极具舞台感的设计风格令老牌奢侈品重焕新生，加盟迪奥公司第二年，其公司面貌焕然一新，年销售利润增长40%。加里亚诺的设计风格因接近迪奥风格，他为迪奥公司推出的三大系列都展现了戏剧化的情景。他的流苏、花边、刺绣设计弥漫着奢华的宫廷气息，其中浓郁的女性味道和华丽的色彩完美再现了"迪奥精神"，而颓废色彩则是鲜明的加里亚诺风格。因其风格浪漫，人们常称之为"浪漫骑士"。

加里亚诺的惊人才华，令他在短短数年间成为英国最重要的时装设计师之一，传媒更纷纷以"天才""大师"等称呼往他头上戴，伊丽莎白女王陛下亲自授予他"最高英帝国勋爵士"称号。然而，常年的工作压力，使加里亚诺养成依赖药物和酗酒来减轻生活压力的习惯。2011年2月24日晚，在巴黎市中心一家咖啡馆与邻座的一对情侣发生争执，用粗鲁的语言发表了仇视犹太人和带有种族歧视性质的话语，此事一出，犹如一颗重磅炸弹，震动了时尚界乃至整个社会。加里亚诺也因此事，被迪奥公司开除，并且永不雇佣，从此终结了在迪奥公司的设计生涯。（图6-33）

图6-33 加里亚诺及其设计

图 6-34 麦昆与作品

三十四、麦昆

亚历山大·麦昆（Alexander McQueen，1969—2010 年）出生在英国伦敦东部一个
贫民区，父亲是当地的出租车司机，母亲是位贤惠的家庭主妇，他是家中六个孩子中
最小的一个，从小就开始帮他的三个姊妹制作衣服，并在当时就做出日后要成为一名
服装设计师的决定。16 岁那年他偶然在电视上看到招收裁缝学徒的消息，便决定辍学
离开学校，跑到萨维尔街一个以定制手工闻名于世的裁缝店学徒，随后他又到一家知
名剧场服装品牌店工作。在萨维尔街工作期间，麦昆的客户有米哈伊尔·戈尔巴乔夫
和查尔斯王子等。

1989 年在他 20 岁那年，麦昆为日籍设计师立野浩二工作了一段时间，之后他前往
意大利米兰，并为设计师罗密欧·吉利（Romeo Gigli）工作。因为不太喜欢在米兰的生活，
麦昆于 1991 年返回伦敦，进入培育过众多知名时装设计师的中央圣马丁学院修读时装
设计。毕业时，他推出了自己的首个独立的服装发布会，那次的毕业作品除了为麦昆
赢取了硕士学位外，更赢得英国版《Vogue》杂志的著名造型设计师伊莎贝拉·布罗的
赏识，从此他走上国际时装舞台。1994 年，开始担任圣马丁艺术设计学院的裁缝教师。
1996 年，为法国著名的纪梵希工作室设计成衣系列。1997 年，取代约翰·加里亚诺担
任纪梵希这一法国顶尖品牌的首席设计师。他在 1998 年为影片《泰坦尼克号》的女主
角扮演者凯特·温丝莱特设计了出席奥斯卡颁奖晚会的晚装。

麦昆曾四次获得"英国年度设计师"称号，被认作是时尚界的教父。他是最年轻的"英
国时尚奖"得主，曾获颁不列颠帝国司令勋章（CBE），同时也是时装设计师协会奖的
年度最佳国际设计师。2010 年，由于他的两位挚爱女性布罗与母亲的先后离世，年仅
40 岁的他选择了在家中自杀，与母亲永远在一起。麦昆的副线品牌 McQ 在纽约时装周
的发布会也因为他的离世而取消。这位在艺术和商业上都非常成功的天才时装设计师
的去世给伦敦时装行业带来了巨大的冲击。（图 6-34）

第二节 历届 "金顶针" 奖获奖设计师名单

届次	获奖设计师以及所属品牌	获奖时间
第1届	葛莱夫人（Madame Gres）（葛莱）	1976年7月
第2届	皮尔·卡丹（Pierre Cardin）	1977年1月
第3届	尤莱·弗朗索瓦·克拉海（Jules-Francois Grahay）（朗万）	1977年7月
第4届	路易·费罗（Louis Feraud）	1978年1月
第5届	尤贝尔·德·纪梵希（Hubert de Givenchy）	1978年7月
第6届	皮尔·卡丹（Pierre Cardin）	1979年1月
第7届	派尔·斯普克（Per Spook）	1979年7月
第8届	伊曼纽尔·温加罗（Emanuel Ungaro）	1980年1月
第9届	让·路易·谢莱尔（Jean Louis Scherrer）	1980年7月
第10届	尤莱·弗朗索瓦·克拉海（Jules-Francois Grahay）（朗万）	1981年1月
第11届	伊曼纽尔·温加罗（Emanuel Ungaro）	1981年7月
第12届	尤贝尔·德·纪梵希（Hubert de Givenchy）	1982年1月
第13届	皮尔·卡丹（Pierre Cardin）	1982年7月
第14届	马尔克·葆安（Marc Bohan）（迪奥）	1983年1月

第 15 届	埃里克·莫坦森（Erik Mortensen）（巴尔曼）	1983 年 7 月
第 16 届	路易·费罗（Louis Feraud）	1984 年 1 月
第 17 届	尤莱·弗朗索瓦·克拉海（Jules-Francois Grahay）（朗万）	1984 年 7 月
第 18 届	菲利普·布耐（Phiuppe Venet）	1985 年 1 月
第 19 届	基·拉罗修（Guy Laroche）	1985 年 7 月
第 20 届	克利斯汀·拉克鲁瓦（Christian Lacroix）（帕特）	1986 年 1 月
第 21 届	卡尔·拉格菲尔德（Karl Lagerfeld）（香奈儿）	1986 年 7 月
第 22 届	杰拉尔·佩帕（Gerard Pipart）（尼娜·莉奇）	1987 年 1 月
第 23 届	埃里克·莫坦森（Erik Mortensen）（巴尔曼）	1987 年 7 月
第 24 届	克利斯汀·拉克鲁瓦（Christian Lacroix）	1988 年 1 月
第 25 届	马尔克·葆安（Marc Bohan）（迪奥）	1988 年 7 月
第 26 届	基·拉罗修（Guy Laroche）	1989 年 1 月
第 27 届	詹弗兰科·费雷（Gianfranco Ferre）（迪奥）	1989 年 7 月
第 28 届	帕克·拉邦纳（Paco Rabanne）	1990 年 1 月
第 29 届	克劳德·蒙塔纳（Claude Montana）（朗万）	1990 年 7 月
第 30 届	克劳德·蒙塔纳（Claude Montana）（朗万）	1991 年 1 月
第 31 届	派尔·斯普克（Per Spook）	1993 年 7 月
第 32 届	鲁柯阿耐·埃曼（Lecoanet Hemant）	1994 年 1 月

参考文献

[1] 王受之，冯达美.二十世纪世界时装［M］.广州：岭南美术出版社，1986.

[2] 布兰奇·佩尼.世界服装史［M］.沈阳：辽宁科技技术出版社，1987.

[3] 薛宜宁.世界名人流行服饰设计［M］.台北：信宏出版社，1988.

[4] 袁仄，胡月.世界时装大师［M］.北京：人民美术出版社，1990.

[5] 李当岐.西洋服装史［M］.北京：高等教育出版社，1995.

[6] 郑巨欣.世界服装史［M］.杭州：浙江摄影出版社，2000.

[7] 奥地利·夏洛特·泽林.时尚［M］.周馨译.北京：人民邮电出版社，2013.

[8] Alison Lurie.解读服装［M］.李长青，译.北京：中国纺织出版社，2001.

[9] 朱利安·鲁滨逊.人体包装艺术［M］.胡月，袁泉，苏步译.北京：中国纺织出版社，2001.

[10] 普兰温·科斯格拉芙.时装生活史［M］.龙靖遥，张莹，郑晓利译.上海：东方出版中心，2004.

[11] 英国·琼·娜.服饰时尚 800 年［M］.贺彤译.桂林：广西师范大学出版社，2004.

[12] 瓦莱丽·斯蒂尔.内衣：一部文化史［M］.师英，译.天津：百花文艺出版社，2004.

[13] 卞向阳.服装艺术判断［M］.上海：东华大学出版社，2006.

[14] 克莱尔·威尔科克斯.世界顶级时尚大师作品典藏：维维安·维斯特伍德［M］.上海：人民美术出版社，2005.

[15] 克莱尔·威尔科克斯.世界顶级时尚大师作品典藏：詹尼·范思哲［M］.上海：人民美术出版社，2005.

[16] 迪迪埃·戈巴克.亲临风尚［M］.长沙：湖南美术出版社，2007.

[17] 贾思迪妮·皮卡蒂.可可·香奈儿的传奇一生［M］.南宁：广西科学技术出版社，2011.

[18] 卞向阳.国际服装名牌备忘录［M］.上海：东华大学出版社，2007.

[19] 凯特·莫微.流行——活色生香的百年时尚生活［M］.北京：中国友谊出版社，2007.

后记

    本书最初为西方服装史讲义，编著者经多年教学实践，并结合服装史论研究成果，不断将其完善，反复考证修订方尘埃落定。本书撰写过程中参阅了李当岐老师《西洋服装史》等服装史论著作，在此深表感谢。本书的撰写以西方人类发展史为脉络，描述西方服装发展史，顾及本书编写初衷为教材，故言简意赅，重点描述每个时期的主要代表性服装样式。本书撰写虽经反复修订，但难免存在因文化差异所致译文偏差，期望读者与编著者一道共同纠错，使本书更加精准。

图书在版编目（CIP）数据

西方服装史 / 赵刚，张技术，徐思民编著. --3版. --上海：东华大学出版社，2022.1
ISBN 978-7-5669-1971-7

Ⅰ. ①西… Ⅱ. ①赵… ②张… ③徐… Ⅲ. ①服装-历史-西方国家Ⅳ. ①TS941-091

中国版本图书馆CIP数据核字（2021）第200898号

责任编辑：赵春园
封面设计：赵　刚

西方服装史（第三版）

编　　著：赵　刚　张技术　徐思民
出版发行：东华大学出版社
　　　　　（地址：上海延安西路1882号 邮编：200051）
天猫旗舰店：http://dhdx.tmall.com
营销中心：021-62193056　62373056　62379558
印　　刷：上海颛辉印刷厂有限公司
开　　本：889mm×1194mm　1/16　12.5 印张　440千字
版　　次：2022年1月第3版
印　　次：2023年6月第2次
书　　号：ISBN 978-7-5669-1971-7
定　　价：58.00元